तंत्रज्ञानाची मुळाक्षरे

भाग १

कविता भालेराव

मेहता पब्लिशिंग हाऊस

◆ *या पुस्तकातील लेखकाची मते, घटना, वर्णने ही त्या लेखकाची असून त्याच्याशी प्रकाशक सहमत असतीलच असे नाही.*

TANTRADNYANACHI MULAKSHAREBHAG - 1
by KAVITA BHALERAO

तंत्रज्ञानाची मुळाक्षरे भाग - १

© कविता भालेराव
डी-७, पूजा हाईट्स, गांधीभवन रोड, कोथरुड, पुणे – ३८.
kabhalerao@yahoo.com

प्रकाशक   : सुनील अनिल मेहता, मेहता पब्लिशिंग हाऊस,
१९४१, सदाशिव पेठ, माडीवाले कॉलनी, पुणे – ३०.

अक्षरजुळणी : एच. एम. टाईपसेटर्स, ११२०, सदाशिव पेठ, पुणे – ३०.

मुखपृष्ठ व : चंद्रमोहन कुलकर्णी
आतील चित्रे

प्रथमावृत्ती : एप्रिल, २००७ / सुधारित द्वितीयावृत्ती : फेब्रुवारी, २०१३

ISBN 978-81-7766-823-0

भावी युवा वैज्ञानिकांना
स्नेहपूर्वक

तत्त्वज्ञान म्हणजे अतिगूढ प्रश्नांना दिलेली बुद्धिगम्य उत्तरे.

प्रस्तावना

काही वर्षांपूर्वी मला एका माध्यमिक शाळेतील मुलांसमोर व्याख्यान देण्याची संधी मिळाली. वैज्ञानिक शोधांसंबंधी मी बोलावे, असे संयोजकांनी सुचविले. त्यावेळी मी वेगवेगळ्या वाहनांच्या शोधांबद्दलची माहिती मुलांना सांगितली. मुलांना तो विषय खूप आवडलेला दिसला. त्यांनी मला उत्सुकतेने बरेच प्रश्नही विचारले. तेव्हा माझ्या मनात आपल्या अवतीभोवती कितीतरी वस्तू आणि साधनं आहेत, त्यांच्या शोधांचे मूळ आपण शोधायला हवे, अशी कल्पना आली. ती माहिती मनोरंजक तर होईलच, शिवाय कुमार वयोगटातील मुलांना उद्बोधक व प्रेरणादायीही होईल, असे वाटले.

या विचाराचा पाठपुरावा करण्यासाठी मी सकाळ वृत्तपत्राच्या 'युवा सकाळ' या विभागात गेले. ज्येष्ठ पत्रकार श्री. एकनाथ बागूल, तेव्हा या पुरवणीचे काम पाहत होते. श्री. बागूल आणि युवा सकाळच्या विज्ञान विभागाचे काम पाहणारे श्री. अभिजीत मुळ्ये यांच्याशी चर्चा केली आणि श्री. मुळ्ये यांनी सुचविलेल्या 'तंत्रज्ञानाची मुळाक्षरे' या नावाखाली हे सदर सुरू झाले. दर आठवड्याला एक, याप्रमाणे सलग दोन वर्षे मी वेगवेगळ्या शोधांच्या प्रवासाची माहिती लिहिली. हे लिखाण करताना विषयांची विविधता यावी, हा मुख्य हेतू ठेवला. त्यामुळेच सौर ऊर्जा, पॅराशूट, बस, उपग्रह, रेशीम, हरितगृहे, कॅमेरा, वजनकाटा, माईक, टाईपरायटर, दात, हृदय, साबण, होकायंत्र, आईस्क्रिम, नकाशे, पोलाद, सिरॅमिक्स, त्रिमिती..... असे कितीतरी विषय यामध्ये आलेले आहेत. लेख वाचावयास उद्युक्त करणारी अशी आकर्षक शीर्षके देण्याचाही कटाक्षाने प्रयत्न केलेला आहे.

एखाद्या शोधाच्या पायवाटेपासूनच्या प्रवासाचे आता राजमार्गात झालेले रूपांतर, असा वेध घेण्याचा प्रयत्न लेखन करताना मला व्यक्तिशः खूप आनंद देत होता. त्यानिमित्ताने बरेच वाचनही झाले. अर्थात दै. सकाळच्या युवा पुरवणीमुळे मला ही संधी मिळाली. त्यासाठी मी दै. सकाळची मनापासून आभारी आहे.

ज्येष्ठ पत्रकार श्री. एकनाथ बागूल यांनी हे लिखाण करण्यासाठी मला सतत प्रोत्साहन दिले. त्यांचे आभार मानणे ही फार औपचारिकता होईल, याची जाणीव ठेवून मी त्यांच्याविषयी कृतज्ञता व्यक्त करते. युवा सकाळ विभागातील श्री. संतोष यादव, श्री. अभिजीत मुळ्ये, श्री. संतोष देशपांडे यांचे मला नेहमीच सहकार्य मिळाले. त्यांची मी आभारी आहे.

मेहता पब्लिशिंग हाऊसचे श्री. सुनील मेहता हे विज्ञानाची पुस्तके प्रसिद्ध करणारे आघाडीचे प्रकाशक आहेत. माझी 'जिज्ञासेतून विज्ञान' (आ. ३ री) आणि 'पेशीबद्ध जीवन : एक निरंतर प्रवास' (अनुवाद) ही दोन्ही पुस्तके त्यांनीच प्रकाशित केली आहेत. हे पुस्तकही त्यांनी त्यांच्या नेहमीच्या पद्धतीप्रमाणे आकर्षक केलेले आहे. त्यांचीही मी मन:पूर्वक आभारी आहे.

चित्रे, आकृत्या आणि मुखपृष्ठ यांनी पुस्तकाला सुंदर रुप दिल्याबद्दल दोन्ही चित्रकारांची मी आभारी आहे.

'केव्हा तयार होणार तुझे पुस्तक?' अशी वेळोवेळी आस्थेने आणि आपुलकीने चौकशी करणारे माझे वडील (कै. स. मा. गर्गे) यांना हे पुस्तक पाहावयास मिळाले नाही, याचा खूप खेद होतो आहे. परंतु लेखांच्या रूपात त्यांनी माझे लिखाण पाहिले होते, एवढेच समाधान आहे.

माझ्या शालेय विद्यार्थी मित्र-मैत्रिणींना व इतर जिज्ञासू व्यक्तींना हे पुस्तक कुतूहल शमविणारे, माहितीपूर्ण व मनोरंजक वाटेल, अशी मनापासून खात्री वाटते. आनंददायी लिखाणाचे सार्थक यामध्येच सामावले आहे, असे मी मानते.

पुस्तकरचनेसंबंधी थोडेसे...

या पुस्तकातील प्रत्येक लेख हा वेगवेगळ्या शोधांचा प्रवास आहे. त्यामुळे पुस्तकातील कोणताही लेख उघडून वाचता येईल. तसेच पुस्तकाच्या शेवटी विषयसूची आणि कालानुक्रमसूची जोडली आहे. त्यावरून विषयांचे वैविध्य लक्षात येईल. अभ्यासकांनाही या सूचीचा निश्चितच उपयोग होईल.

अनुक्रम

सूर्याय नमः

सूर्य १५ कोटी किलोमीटर अंतरावरून पृथ्वीजगताला प्रकाशकिरणांच्या रूपात ऊर्जा पुरवितो आहे. पृथ्वीतलावरील जीवाणू, कीटक, प्राणी यांच्यापासून ते माणूस आणि वनस्पती या सर्वांच्या शक्तीचे उगमस्थान ही प्रकाशकिरणे आहेत. म्हणूनच भारतीय संस्कृतीने सूर्याला ईश्वराचे रूप मानले आहे. दिवसाची सुरुवात सूर्याला अर्ध्य देऊन करण्यात सूर्याविषयी कृतज्ञताच व्यक्त केली जाते. ग्रीक व रोमन लोक घरांची दारे पूर्व-पश्चिम दिशेला येतील अशा पद्धतीने घरे बांधत असत. आजही या गोष्टीला तितकेच महत्त्व दिले जाते. याचाच अर्थ सूर्यापासून मिळणाऱ्या जीवनदायी शक्तीचा अधिक चांगला उपयोग करून घेण्याची त्यांना माहिती असावी. अर्थात प्राचीन काळापासूनच सौरऊर्जेचा आपल्यासाठी फायदा करून घ्यावा, असा प्रयत्न माणूस करत आलेला आहे.

ग्रीक गणितज्ञ आर्किमिडीज याने ख्रि.पू. तिसऱ्या शतकात सौरशक्तीचा उपयोग केला होता. युद्धामध्ये शत्रुपक्षाला हरविण्यासाठी त्याने सैनिकांच्या ढाली

अंतर्गोल आकाराच्या केल्या. त्यामुळे सूर्याचे किरण एकवटले गेले. त्या उष्णतेने रोमनांना लढणे अशक्य झाले.

१७१४ मध्ये आन्तान लव्हाशिए या फ्रेंच वैज्ञानिकाने सौरऊर्जेवर चालणारी भट्टी तयार केली आणि त्यात धातू वितळविण्याचे प्रयोग केले, तर १८८० मध्ये पॅरिसमध्ये एका छापखान्यासाठी सौरशक्तीवर चालणारे वाफेचे इंजिन वापरण्यात आले. विसाव्या शतकाच्या प्रारंभीच अमेरिकन लोकांनी सूर्याच्या उष्णतेने पाणी तापविण्यास सुरुवात केली. यातूनच आधुनिक सौरबंब तयार झाले.

सौरबंबामध्ये एकेरी अथवा दुहेरी काचेचे आवरण असलेली पेटी असते. या पेटीमध्ये तांब्याच्या पत्र्यामध्ये तांब्याच्या नळ्या बसवितात. या नळ्यांना वरच्या पृष्ठभागास काळा रंग दिलेला असतो. उन्हामुळे या नळ्या व पत्रा उष्णता शोषून घेतो. नळ्यांमधील पाणीही तापते. गरम पाणी हलके होऊन वरील टाकीमध्ये जाते. मोठमोठी हॉटेल्स, हॉस्पिटल्स याठिकाणी सौरबंब वापरून मोठ्या प्रमाणात पाणी तापविण्यासाठी होणारा खर्च वाचतो. घराच्या गच्चीत ही यंत्रणा बसवून गिझरच्या विजेचा वापर टाळता येतो.

सध्या बऱ्याच घरांमध्ये सूर्यचूल वापरतात. खगोलशास्त्रज्ञ जॉन हर्बल याने १८३७ मध्ये एक साधी सौरभट्टी तयार केली होती. दोन काचांची झाकणे असलेली काळी पेटी बनवून वाळूमध्ये बसविली. या सौरभट्टीचा उपयोग केप ऑफ गुड होप सफरीमध्ये जेवण शिजविण्यासाठी केला होता. त्याचेच आधुनिक रूप म्हणजे हल्लीचे सोलर कुकर किंवा सूर्यचूल होय. या सूर्यचुलीतील आतल्या पेटीला व डब्यांना बाहेरून काळा रंग दिलेला असतो. काळा रंग प्रकाशकिरण शोषून घेतात. त्यामुळे पेटीतील उष्णतामान वाढते व अन्नपदार्थ शिजतात. सौरऊर्जेच्या साह्याने रोजच्या स्वयंपाकातील वरण, भात, भाजी असे पदार्थ शिजवून स्वयंपाकाचा गॅस, रॉकेल, लाकूड, गोवऱ्या अशा इंधनाची बचत करण्याचा मार्ग शोधला गेला. आपल्याकडे वर्षातील दहा महिने सूर्यचूल वापरता येते.

सेलेनियम धातूवर प्रकाशकिरण पडले तर वीजप्रवाह मिळू शकतो हे १९ व्या शतकात फ्रेंच वैज्ञानिकाने दाखवून दिले होते, परंतु सिलिकॉनच्या पातळ चकत्या वापरून सौरघट तयार होण्यास १९५४ साल उजाडले. वाळूच्या रूपात सिलिकॉन धातू उपलब्ध होतो. त्याच्या चकत्यांवर सूर्यप्रकाश पडला की चकतीच्या दोन्ही भागांना जोडलेल्या तारेतून विद्युतप्रवाह वाहतो. एका सौरघटातून फारच कमी विद्युतप्रवाह मिळतो, परंतु असे अनेक सौरघट जोडून खूप विद्युतशक्ती निर्माण करता येते.

सौरघटांचा उपयोग करून घरगुती उपकरणांना विद्युतपुरवठा करता येतो. दुर्गम प्रदेशात पिण्यासाठी, शेतीसाठी पाणी उपसण्याच्या पंपांना, औषधे साठविण्याच्या

शीतकपाटांना सौरघटांमार्फत वीज पुरविली जाते. रस्त्यावरील दिव्यांसाठी सौरघटांचा उपयोग करतात. यामध्ये विजेच्या एकाच खांबावर ट्यूब, सोलर पॅनेल व बॅटरी या तीन गोष्टी बसविलेल्या असतात. सोलर पॅनेल, सौरऊर्जेचे विद्युतशक्तीत रूपांतर करून बॅटरी चार्ज करते. या बॅटरीमार्फत ट्यूबला विजेचा पुरवठा होतो. जरी दोन दिवस कमी ऊन पडले, तरीसुद्धा ही यंत्रणा काम करते. सौरघटांचा सर्वात जास्त उपयोग अवकाशात सोडलेल्या यानांसाठी होतो. या यानांचे काम चालण्यासाठी खूप ऊर्जा लागते. ती निर्माण करणे फार खर्चिक व अवघड असते, परंतु ही ऊर्जा अनेक सौरघट जोडून तयार करतात.

प्राचीन काळापासून आपण उन्हात धान्य वाळवतो. त्यामुळे त्या धान्यातील ओलसरपणा कमी होऊन त्याला कीड लागत नाही. द्राक्ष, अंजीर यांसारखी फळे आणि गवार, भेंडी, मेथी यासारख्या भाज्याही वाळविल्या जातात. या कामासाठी सौर आर्द्रता-निवारक हे उपकरण उपयोगी पडते. ही दोन-तीन कप्प्यांची काळ्या रंगाची पेटी असते. त्यात धान्य ठेवतात. उष्णतेने निर्माण होणारी वाफ बाहेर जाऊ देण्यासाठी वरच्या बाजूला छिद्रे पाडलेली असतात. कीटकांचा त्रास होऊ नये म्हणून छिद्रांचा आकार लहान ठेवलेला असतो.

पाणी जमिनीवरून वाहताना त्यात जमिनीतील क्षार मिसळतात. तसेच भूगर्भातून विहिरीत येणारे पाणीही क्षारयुक्त असते, असे पाणी शुद्ध व क्षारविरहित करण्यासाठी सौर-ऊर्ध्वपातक वापरतात. यामध्ये पसरट आकाराच्या काळा रंग दिलेल्या भांड्यात खारे पाणी घेतात. या भांड्यांवर दोन्ही बाजूला कौलासारखे उतरते काचेचे आवरण असते. पारदर्शक काचेतून सूर्यकिरण पाण्याच्या पृष्ठभागावर पडतात. उष्णतेने पाणी उकळते. तयार झालेली वाफ थंड काचेपाशी अडवून तिचे पुन्हा जलबिंदूत

रूपांतर करतात. या पाण्याचा उपयोग पिण्यासाठी, कारखान्यात औषधे तयार करण्यासाठी, तसेच मोटारींच्या बॅटरीमध्ये घालण्यासाठी करतात. भावनगर येथे दररोज ५,००० लिटर शुद्ध पाणी देणारे ऊर्ध्वपतन उपकरण वापरले जाते. या उपकरणाचा वाढता प्रसार आता होतो आहे.

सोलर कंदीलही वापरायला साधे व सुटसुटीत असतात. बऱ्याच ठिकाणी दिवे गेल्यावर इमर्जन्सी लाईट म्हणून त्यांचा उपयोग होतो. रेल्वे सिग्नल्ससाठी सौरऊर्जा वापरण्याचे प्रयोगही सध्या चालू आहेत.

इस्त्रायलमध्ये तर सौरऊर्जेचा फार वेगवेगळ्या पद्धतीने उपयोग करतात. तेथे काही तलाव मुद्दाम राखून ठेवले आहेत. त्यात काही रसायनांचे मिश्रण घालतात. ही रसायने सूर्यशक्ती साठवून ठेवतात. थंडीच्या दिवसांत या ऊर्जेचा उपयोग करून वीज तयार केली जाते.

इंधनासाठी लाकूड, रॉकेल, गॅस असे पर्याय माणसाने शोधून काढले, परंतु हे पर्याय पुरेसे नाहीत. शिवाय ते प्रदूषणाला हातभार लावतात. हे लक्षात आल्यावर विनामूल्य व अखंड मिळत राहणाऱ्या सौरशक्तीचा जास्तीत जास्त उपयोग करण्याचे ठरविले. आपले रोजचे जीवन सौरऊर्जेच्या साह्याने अधिकाधिक निरोगी राहण्यासाठी नवी साधने, नवीन उपकरणे, तयार करण्याचे प्रयत्न केले. भविष्यातही हा शोधाचा प्रवास अखंड चालू राहणार हे निश्चित!

❋

जीवनाचा मूलाधार

वजनदार आहे? मग दिसत कशी नाही? ऐकू येते म्हणता; पण फक्त वाऱ्याच्या रूपात! अगदीच साधीसुधी, वास नाही, चव नाही, तरीसुद्धा जमीन आणि पाण्याइतकीच खरी! ओळखा पाहू कोण ही?

असे कोडे कुणी घातले तर पटकन उत्तर सुचणार नाही; परंतु 'जरा तुमच्या श्वासाकडे लक्ष द्या' असं सांगितलं तर आपल्याला नक्की 'हवा' हे उत्तर बऱ्याच जणांकडून मिळेल कारण हवा आणि श्वासाचा घनिष्ठ संबंध आपल्या जन्मापासून सुरू होतो. म्हणूनच हवेला 'जीवनाचा मूलाधार', असे म्हणले जाते. एक वेळ अन्नपाणी मिळाले नाही; तरी काही काळ आपण तग धरू, परंतु हवेशिवाय काही मिनिटेही शक्य नाही.

अशा या हवेचे जीवनातील महत्त्व फार पूर्वीपासून लोकांनी जाणले होते. ख्रिस्तपूर्व ४०० वर्षांपूर्वीपासून ग्रीक तत्त्वज्ञांनी पृथ्वी, अग्नी, पाणी आणि हवा हे सृष्टीचे चार घटक आहेत, असे सांगितले होते; तसेच विश्वातील सर्व वस्तूंमध्ये हे चार घटक कमी-अधिक प्रमाणात असतात, असाही विचार मांडला होता. ख्रिस्तपूर्व ३०० वर्षांपूर्वी ॲरिस्टॉटल या ग्रीक तत्त्वज्ञाने हवामानशास्त्रासंबंधी एक

ग्रंथ लिहिला. या ग्रंथात त्यांनी हवा आणि हवामान यांविषयीची निरीक्षणे नोंदविली होती. रोजचा वारा, कधी तरी सुटणारा सोसाट्याचा वारा, समुद्रावरील वाऱ्याने उसळणाऱ्या लाटा, तर कधी वारा पडला म्हणून पुढे सरकू न शकणारी पाण्यातली नाव; माणसे, प्राणी, पक्षी यांचे श्वसन या सगळ्या रूपांत माणसाला हवेचे अस्तित्व जाणवत होते. त्यानुसार हवेसंबंधीचे काही ठोकताळे त्यांनी तयार केले होते; परंतु ते त्यांना सिद्ध करता येत नव्हते. कारण हवेचे गुणधर्म तपासून पाहण्यासाठी त्यांच्याकडे उपकरणे, साधने नव्हती. सन १६४० च्या दरम्यान, हवा मोजण्यासाठी एक प्राथमिक उपकरण शास्त्रज्ञ वापरत होते. इटालियन गणितज्ञ आणि गॅलिलिओ यांचा विद्यार्थी इ. टॉरीसेली यांनी हवेचा दाब मोजण्यासाठी पहिला दाबमापक तयार केला. त्यात त्यांनी पाऱ्याचा उपयोग केला. टॉरीसेली यांच्या संशोधनातून हवेला वजन असते आणि हवा जागा व्यापते या दोन्ही गोष्टी सिद्ध झाल्या.

१७ व्या शतकाच्या मध्याला आयरिश रसायनशास्त्रज्ञ रॉबर्ट बॉयले याने हवेचा दाब आणि घनता यांचा संबंध गणिताच्या रूपात मांडला, त्याच वेळी हवा ही काही वायूंच्या मिश्रणाने बनली आहे, असा विचार शास्त्रज्ञ करू लागले आणि हे वायू कोणते, याचाही शोध घेऊ लागले. शास्त्रज्ञांच्या या प्रयत्नाला यश आले. १७७० च्या सुमारास स्वीडिश शास्त्रज्ञ कार्ल शीले यांनी तर १७७४ मध्ये ब्रिटिश रसायनशास्त्रज्ञ जोसेफ प्रिस्टले यांनी स्वतंत्रपणे ऑक्सिजनचा शोध लावला. प्रिस्टले यांनी मर्क्युरिक ऑक्साईडवर एक हंडी पालथी घातली व बहिर्गोल भिंगाच्या साह्याने एकत्रित केलेले सूर्यकिरण मर्क्युरिक ऑक्साईडवर पाडले. रासायनिक क्रिया होऊन पारा आणि एक वायू तयार झाला. या वायूमध्ये पेटती मेणबत्ती ठेवली असता, तिचा जास्त चांगला उजेड पडला. प्रिस्टलेने या हवेला 'ज्वलनतत्त्वविरहित हवा' असे अवघड नाव दिले. काही महिन्यांनी जोसेफ प्रिस्टले आणि फ्रेंच रसायनशास्त्रज्ञ लव्हॉयझर यांची पॅरिसमध्ये भेट झाली. प्रिस्टलेच्या संशाधेनासंबंधी लव्हॉयझर यांनी काटेकोर प्रयोग केले आणि प्रिस्टलेच्या संशोधनाला दुजोरा दिला. ज्वलनासाठी उपयोगी पडणाऱ्या या वायूला ऑक्सिजन हे नवे नाव दिले. 'आम्ल तयार करणारे' या अर्थाच्या ग्रीक शब्दावरून 'ऑक्सिजन' हा शब्द लव्हॉयझर यांनी तयार केला आणि तो सर्वसामान्य झाला.

रासायनिक चिन्ह O_2 असलेला ऑक्सिजनचा शोध आणि ज्वलनक्रियेचा सिद्धांत या दोन्ही गोष्टी विज्ञानाच्या इतिहासात अत्यंत महत्त्वाच्या ठरल्या. या शोधांनी रसायनशास्त्र हे प्रगत शास्त्र म्हणून मानले जाऊ लागले. सन १८०० च्या शेवटी वैज्ञानिकांच्या हवा ही विविध वायूंचे मिश्रण आहे ही गोष्ट लक्षात आली. तसेच हवेमध्ये असलेले नायट्रोजन, ऑक्सिजन, कार्बन डायऑक्साईड, अरगॉन या

वायूंचे प्रमाण पृथ्वीवर सारखेच असते हेही सिद्ध झाले. माणूस आणि इतर प्राणी हवेतून ऑक्सिजन घेतात, तर मासे व इतर जलचर पाण्यात विरघळलेला ऑक्सिजन वापरतात. सूर्यप्रकाशाच्या मदतीने वनस्पती अन्न तयार करतात. या प्रक्रियेत जो ऑक्सिजन बाहेर पडतो तो प्राण्यांना श्वसनासाठी उपयोगी पडतो. ही प्राणी आणि वनस्पती यांच्यातील साखळी लाखो वर्षांपासून कार्यरत आहे. औद्योगिक क्षेत्रात ऑक्सिजनचे खूप उपयोग आहेत. पोलाद तयार करताना वितळलेल्या बिडामध्ये उच्च दाबाने ऑक्सिजन वायू सोडतात. त्यामुळे बिडातील अशुद्ध घटक जळून जातात आणि दणकट पोलाद तयार होते. वितळजोडाच्या (वेल्डिंग) कामात ॲसिटिलीन व ऑक्सिजन एकत्र करतात. त्यामुळे ज्योत फार प्रखर होते आणि ३५०० सेंटिग्रेड एवढी प्रचंड उष्णता या कामासाठी मिळते.

१८१८ मध्ये मायकेल फॅराडे यांना वेगवेगळ्या वायूंचे द्रवात रूपांतर करण्याची कल्पना सुचली होती. त्यांनी हवा थंड करताना त्याच्यावरील दाब वाढविला. त्या काळात ही कल्पना फारच नवीन होती. फॅराडे यांना हायड्रोजन सल्फाइडला द्रवरूप देण्यात यश आले, परंतु ऑक्सिजन, नायट्रोजन या वायूंसाठीचे त्यांचे प्रयोग अयशस्वी ठरले. त्यानंतर ६० वर्षांनी कायलिटेट या फ्रेंच लोहाराने फॅराडेच्या कल्पनेवर आधारित एक पंप तयार केला. त्याने बारीक नळीत ऑक्सिजन भरला व याचा दाब कमी करत असतानाच तो झटकन प्रसरण पावण्याची व्यवस्था केली. त्यामुळे ऑक्सिजन खूपच थंड झाला आणि त्याचे द्रवामध्ये रूपांतर झाले.

अति उंच वातावरणात ऑक्सिजनचे प्रमाण अगदी कमी असते आणि ज्वलनासाठी ऑक्सिजनची अत्यंत आवश्यकता असते. त्यामुळेच द्रवरूप ऑक्सिजनचा अग्निबाणप्रक्षेपणात चांगला उपयोग होतो. अग्निबाणातील प्रचंड टाक्यांमध्ये द्रव इंधन भरलेले असते. त्याचबरोबर द्रवरूप ऑक्सिजनचीही टाकी असते. ऑक्सिजनशी इंधनाचा संयोग होतो आणि अग्निबाण वर उचलला जाऊन अवकाशात झेपावतो.

द्रवरूप ऑक्सिजन साठविण्यासाठी योग्य भांड्यांची गरज असते. त्यासंबंधी काम करत असताना, स्कॉटिश शास्त्रज्ञ जेम्स देवार यांनी एक निर्वात बाटली तयार केली. तिला देवार फ्लास्क किंवा थर्मास म्हणतात. प्रयोगशाळेत काम करताना द्रवरूप वायू ठेवण्यासाठी थर्मासचा चांगला उपयोग होऊ लागला. देवार यांनी दोन पातळ काचेच्या बाटल्या एकात एक थोड्या अंतरावर बसविल्या आणि मधली हवा पूर्णपणे काढून टाकली. बाटल्यांच्या पृष्ठभागावर पाऱ्याचा लेप दिला. त्यामुळे बाटलीतील द्रववायू जसाच्या तसा राहू लागला. कालांतराने हेच थर्मास अन्नपदार्थ किंवा पेये गरम किंवा गार ठेवण्यासाठी वापरले जाऊ लागले.

श्वसनाचा त्रास होणाऱ्या रोग्यांसाठी डॉक्टर रेस्पिरेटर किंवा व्हेंटिलेटरचा उपयोग करतात. यामध्ये नाकात नळ्या घालून रोग्याला ऑक्सिजनचा पुरवठा

करतात. रोग्याच्या नाकावर मास्क बसवूनही रोग्याला सुलभ श्वसन करण्यास मदत होते. नवजात बालकाच्या डोक्यावर पारदर्शक प्लॅस्टिकचा टोप घालतात.

सर्व सजीवांना जिवंत ठेवणाऱ्या या प्राणवायूचा भविष्यात अधिकाधिक उपयोग करून घेण्याची धडपड माणूस चालूच ठेवणार, हे निश्चित!

✳

अभ्यास हवामानाचा!

सतत बदलणाऱ्या आकाशाकडे पाहता पाहता माणसाला काळ्या, पांढऱ्या ढगांची ओळख झाली. त्याबरोबरच कलेकलेने वाढणाऱ्या आणि पुन्हा त्याच क्रमाने लहान होणाऱ्या चंद्रानेही माणसाचे कुतूहल जागविले. दिवसा जगाला प्रकाश पुरविणाऱ्या सूर्यकिरणांनी माणसाचे जग फुलविले. पाऊस, थंडी, उन्हाचा चटका हे वातावरणातले बदल अनुभवाने माणसाच्या लक्षात आले. त्यातून ऋतूंची ओळख झाली. नियमित चालणाऱ्या या कालचक्रातील घटकांचा माणसाने अभ्यास केला.

माणसाने सर्वप्रथम आजूबाजूच्या वातावरणाची ओळख करून घेतलेली दिसते. ख्रिस्तपूर्व १३०० मध्ये यिन डायनॅस्टीने यासंबंधी काही मते मांडलेली होती. मात्र, वातावरणाचा शास्त्रीय अभ्यास ॲरिस्टॉटल्स मटेऑरॉलाजिका या लेखात वाचायला मिळाला. बेडकांच्या हालचालींवरून हवामानाचा अंदाज बांधायची कल्पना ॲरॅटर याने ख्रिस्तपूर्व २७८ मध्ये मांडली होती.

चौथ्या शतकात वर्षाप्रमापी नावाचे पाऊस मोजण्याचे पहिले उपकरण भारतात तयार केले गेले.

पाऊस, ऊन, वारा, जमीन, ढग हे वातावरणाशी निगडित घटक समजावून घेण्याचे प्रयत्न कित्येक शतके चालू आहेत, तर ऋतुचक्र कसे चालते? कोणते घटक हवामानातील बदल घडवून आणतात हे हळूहळू माणूस अनुभवाने शिकत होता. शास्त्रीय प्रयोगांनी वातावरणाचा अभ्यास सुरू झाला.

१७७४ मध्ये जोसेफ प्रिस्टलेने उंदरांवर काही प्रयोग केले आणि प्राण्यांना जिवंत राहण्यासाठी हवेमध्ये एक घटक नक्की असतो, असे निरीक्षण नोंदविले; तर पुढे दहा वर्षांनी फ्रेंच केमिस्ट ॲन्टोन लॅव्हॉइझिए याने हवा हे अनेक वायूंचे मिश्रण असून, तिचा एक पंचमांश भाग ऑक्सिजन आहे हे सिद्ध केले; तसेच नायट्रोजन आणि कार्बनडाय ऑक्साइड हे वायूही हवेमध्ये असल्याचे दाखवून दिले. स्वच्छ निरभ्र आकाशात १००० किलोमीटर एवढ्या दूरपर्यंत वातावरण पसरले आहे. त्यातील केवळ दहा टक्के हवेत आपण राहतो आणि श्वास घेतो. तपावरण हा वातावरणाचा सर्वांत शेवटचा थर आहे. या वातावरणामुळेच आपण विविध प्रकारचे हवामान अनुभवतो. हवामान आणि वातावरण या दोन्ही गोष्टींकडे विचारवंत आणि वैज्ञानिक यांचे अगदी प्राचीन ग्रीकांपासून लक्ष आहे. महान गणितज्ञ आणि खगोलशास्त्रज्ञ गॅलिलिओ यांनी हवेला वजन असते, ही गोष्ट सर्वप्रथम जगापुढे मांडली.

हवा गरम केली असता प्रसरण पावते, ही गोष्ट दुसऱ्या शतकात फिलो या तत्त्ववेत्त्याने दाखवून दिली. त्यासाठी फिलो यांनी पोकळ शिशाचा गोळा घेतला. त्याला एक नळी जोडली. नळीचे दुसरे टोक पाणी भरलेल्या अरुंद तोंडाच्या बरणीत सोडले. शिशाचा गोळा उन्हात ठेवला. सूर्याच्या उष्णतेने गोळा गरम झाला. आतील हवा बुडबुड्यांच्या रूपाने पाण्यात मिसळलेली दिसू लागली.

१७ व्या आणि १८ व्या शतकांत अनेक लोक हवेतील अदृश्य दमटपणा किंवा आर्द्रता मोजण्याचा प्रयत्न करत होते. त्यासाठी किती तरी प्रकारची छोटी मोठी उपकरणे तयार केली गेली; परंतु एका इंग्रज माणसाने एक अतिशय साधा पण अत्यंत कल्पकतेने आर्द्रतामापक तयार केला. यामध्ये एक तराजू होता. त्याच्या एका बाजूला मऊ कागदाची चवड बांधली होती आणि दुसऱ्या बाजूला एका आर्द्रतामापक मोजपट्टी लावली होती. जेव्हा हवा कोरडी असे, तेव्हा कागदातील ओलसरपणा कमी होऊन त्यांचे वजन कमी होई आणि दमट हवेत कागद हवेतील ओलावा शोषून घेई. परिणामी त्यांचे वजन जास्त भरत असे. जास्त वजन झाल्यावर मोजपट्टीवरील काटा वर जाई.

सन १६०० च्या सुमारास गॅलिलिओने पहिला थर्मामीटर बनविला. त्यानंतर ४० वर्षांनी गॅलिलिओचा विद्यार्थी टॉरिसेली याने हवेचा दाब मोजण्यासाठी बॅरॉमीटर

किंवा हवादाबमापक तयार केला. टॉरीसेलीच्या बॅरॉमीटरमध्ये तीन फूट लांबीच्या काचेच्या नळीत पारा भरला होता आणि त्या नळीचे खालचे उघडे टोक पारा भरलेल्या भांड्यात ठेवले, तेव्हा नळीतील पाण्याची पातळी खाली उतरली. हवेच्या दाबानुसार पाण्याच्या पातळीत फरक पडला होता. हवेच्या दाबात सतत फरक पडण्याचे कारण शोधण्यासाठी फ्रेंच वैज्ञानिक जीन दे बोर्ड याने वाऱ्याच्या वेगाचा अभ्यास केला आणि हवेचा दाब हा वाऱ्याच्या वेगावर अवलंबून असतो, हे सिद्ध केले. फ्रेंच वैज्ञानिक पास्कल यांनी टॉरीसेलीचे हवेच्या दाबाविषयीचे निरीक्षण मान्य केले आणि त्यासंबंधी अधिक संशोधन करून जसजसे आपण उंच हवेच्या ठिकाणी म्हणजेच टेकड्या, डोंगर या ठिकाणी जाऊ तसतसा हवेचा दाब कमी होत जातो, हे दाखवून दिले.

इटलीमध्ये वातावरणाचा अभ्यास करण्यासाठी एक संस्था स्थापन करण्यात आली होती. केवळ शास्त्रज्ञ नव्हेत, तर कुशल तंत्रज्ञ, हौशी अभ्यासकांनी संस्थेसाठी अनेक छोटी-मोठी उपकरणे तयार करून वातावरणाच्या अभ्यासासाठी बहुमोल साह्य केले.

आपण टीव्हीवर हवामानासंबंधीचे वृत्त ऐकतो. ही माहिती मिळविण्याची पद्धत गुंतागुंतीची परंतु अतिशय प्रगत तंत्रज्ञान वापरून तयार केलेली असते.

दिवसाच्या चोवीस तासांतील प्रत्येक मिनिटाची हवामानाची निरीक्षणे आता आपल्याला मिळतात. ही निरीक्षणे वेधशाळा, जहाज, उपग्रह, बलून्स आणि रडार यांच्या साह्याने ग्लोबल टेलिकम्युनिकेशन सिस्टिम (जीटीएस) द्वारे प्रसारित केली जातात. मोठ्या वेधशाळांमध्ये ही सर्व माहिती शक्तिशाली सुपर कॉम्प्युटर्सच्या साह्याने साठविली जाते. एका सेकंदात लाखो गणिते केली जातात. या माहितीवरून पुढच्या चोवीस तासांचा हवामानाचा अंदाज विशिष्ट नकाशा काढून व्यक्त केला जातो. त्याला 'सिनॉप्टिक चार्ट' असे म्हणतात. यात हवेचा दाब, वारा, तापमान, हवेतील आर्द्रता या सर्व गोष्टी वेगवेगळ्या रेषांच्या रूपात आपल्याला बघायला मिळतात. ऑरेनॉइड बॅरोमीटरला एक पोकळ ड्रम जोडलेला असतो. त्यात ठराविक हवेचा दाब राखलेला असतो. हवेच्या दाबात बदल झाला, की हा ड्रम प्रसरण किंवा आकुंचन पावतो. या ड्रमच्या झाकणाला एक पेन जोडलेले असते. त्याच्या साहाय्याने सतत फिरत असलेल्या ग्राफपेपरवर हवाबदलाच्या रेषा काढल्या जातात. हाच हवादाब आलेख होय. असा आलेख आपण टीव्हीवरच्या हवामान वृत्तात बघतो.

१९६० मध्ये पहिला हवामान उपग्रह अवकाशात पाठविण्यात आला, तर २४ ऑगस्ट १९६४ या दिवसापासून निम्बस-१ या उपग्रहामुळे रात्रीच्या अंधारातही उत्तम फोटोग्राफ घेता येऊ लागले. विज्ञानाच्या प्रगतीने आता आपण रोजचे

हवामान-वृत्त वर्तमानपत्रांत सहजपणे वाचू शकतो, परंतु १५० वर्षांपूर्वीही 'वॉशिंग्टन इव्हिनिंग पोस्ट' या वर्तमानपत्रात रोजचे हवामान-वृत्त छापून येत होते. जोसेफ हेनरी या स्मिथसोनिअन इन्स्टिट्यूटच्या अधिकाऱ्याने त्यासाठी एक पद्धत विकसित केली होती. त्यासाठी २०० निरीक्षकांची नियुक्ती केली होती.

हवामानाच्या संशोधनासाठी विशिष्ट रचनेचे एअरक्राफ्ट हल्ली वापरतात. त्यात वातावरणातील विविध थरांमधील हवामानाची स्थिती समजण्यासाठी अतिशय प्रगत उपकरणे वापरतात. मध्यरात्री आणि मध्यान्हीच्या वेळी हजारो हेलियम वायूने भरलेले मोठे फुगे जगभरातून आकाशात सोडले जातात. जसजसे ते वरवर जातात. तसतसे त्यांना जोडलेल्या स्वयंचलित उपकरणात आर्द्रता, हवेचा दाब, तापमान इ. गोष्टींची नोंद होते. या नोंदी बलूनला जोडलेल्या जमिनीवरील उपकरणांवर पाठविल्या जातात.

आजच्या काळात हवामानाचे अंदाज फार उपयोगी पडतात. जूनच्या सुरुवातीला वर्तविलेले मॉन्सून पावसाचे भविष्य जणू काही आगामी पीकपाण्याचे भवितव्य सांगत असते. त्याचा देशाच्या आर्थिक प्रश्नाशी जवळचा संबंध असतो. ४८ तासांत येणाऱ्या वादळाच्या सूचनेने आगामी संकटाशी मुकाबला करण्यास वेळ मिळतो आणि खलाशांसह हजारो लोकांचे प्राण वाचतात.

❋

आला आला वारा...

वारा हा शब्द उच्चारला तरी आपल्या मनात एक सुखद भावना निर्माण होते. वाऱ्याची झुळूक, सोसाट्याचा वारा, थंडगार वारे, गरम हवेतील उष्मा अशा किती तरी वाऱ्याच्या संवेदनांचा आपण अनुभव घेतलेला असतो. 'छे! वारा नसेल, तर मला अगदी कससंच होतं,' असं म्हणत वाऱ्याचे महत्त्व आपण अगदी सहज मान्य करतो.

प्राचीन माणसानेही अनेक रूपांत वाऱ्याचा अनुभव घेतला होता. वादळी वारे, वावटळ अशा स्वरूपातील वाऱ्याचे रौद्र रूप ही एक नैसर्गिक शक्ती असावी, अशी माणसाने कल्पना केली. हजारो वर्षांपूर्वी माणसाला स्नायुऊर्जा आणि सौरऊर्जा एवढ्या दोन ऊर्जा माहिती होत्या. सोसाट्याच्या वाऱ्याची शक्ती माणूस अनुभवत होता. बेफाम वाऱ्याने वृक्ष उन्मळून पडतात. घरावरची कौले, पत्रे उडून जातात. पाण्यावर उंचच उंच लाटा उसळतात. अशा वेळी पाण्यातून जाणाऱ्या बोटींचा अजिबात टिकाव लागत नाही, हे लक्षात घेऊन ही पवनशक्ती आपल्या फायद्यासाठी

वापरण्याचे प्रयत्न माणसाने सुरू केले.

६००० वर्षांपूर्वी इजिप्शियन लोकांनी बोटींना उंच कापडे बांधून त्यात वारा अडवला आणि त्यायोगे नदीतून बोटी फिरू लागल्या. अर्थात वाऱ्याची दिशा असेल, त्याच दिशेला त्या बोटी फिरत. इराणमध्ये सातव्या शतकाच्या उत्तरार्धात पहिल्यांदा पवनचक्क्यांचा उपयोग केला गेला. उंच दांड्याच्या वरच्या टोकाला लाकडी वातकुक्कुट असे आणि तो खालच्या दळणाच्या दगडाला किंवा जात्याला जोडलेला असे. वाऱ्यामुळे वातकुक्कुट फिरे, त्याबरोबर जात्याचा वरचा दगड खालच्या दगडावर फिरून दोन्हींमधील धान्य दळले जाई. पाणी उपसण्यासाठीही पवनचक्क्यांचा उपयोग होऊ लागला. पचनचक्क्यांची कल्पना युरोपमध्ये दहाव्या शतकात पोहोचली. पवनऊर्जेचे रूपांतर एखादे मशीन चालविण्यासाठी करण्याच्या यंत्रणेला 'पवनचक्की' म्हटले जाते.

पारंपरिक पवनचक्क्यांचा उपयोग मुख्यत: पाणी उपसणे, दळणाची चक्की चालविणे, धान्य सडण्याची यंत्रे चालविणे यासाठी होतो. सुतारकामात लाकूड घासण्यासाठी, लाकडाला आकार देण्यासाठी लागणाऱ्या यंत्रांना पवनचक्कीच्या साहाय्याने गती देत. दिवस-रात्र कमी अधिक वेगाने हवा वाहतच असते. त्यामुळे वारा हा ऊर्जेचा अखंड स्रोत आहे, असे या ऊर्जेचे महत्त्व जाणणाऱ्या जाणकारांनी दाखवून दिले.

वारा नक्की किती वेगाने वाहतो, हे मोजण्यासाठी एक प्रमाणपट्टी तयार करण्यात आली. तिला 'ब्युफोर्ट स्केल' असे म्हणतात. वाऱ्याच्या वेगातील अगदी कमी-अधिक फरकही दर्शविणारी ही स्केल पवनचक्क्या उभारण्यासाठी फार उपयोगी पडली.

पूर्वीच्या पवनचक्क्या प्रचंड आकाराच्या दगडी मनोऱ्याच्या आधारावर उभ्या केल्या जात. त्याच्या मुख्य आसाच्या गतीचा उपयोग मनोऱ्याच्या आत बसविलेल्या यंत्राला करून दिला जाई. या पवनचक्क्या चांगले काम करत. नेदरलँडमध्ये तसेच पूर्व इंग्लंडमधील दलदलीच्या प्रदेशात हजारो पवनचक्क्या उभ्या केल्या होत्या. एका पाहणीनुसार १८४० मध्ये इंग्लंडमध्ये १८ हजार तर हॉलंडमध्ये १० हजार पवनचक्क्या काम करत होत्या.

पवनचक्की उभारताना वाऱ्याचा वेग व दिशा विचारात घेतात. पवनचक्कीचे काम चांगले होण्यासाठी तासाला १२ ते १५ कि. मी. एवढा वाऱ्याचा वेग असावा लागतो. उंच पठारावर वाऱ्याचा वेग जास्त असतो आणि तो वर्षांतील तीनशेपेक्षा जास्त दिवस मिळू शकतो, असे लक्षात आल्यावर पठारांवर पवनचक्क्या उभारण्याचे काम जगभर चालू झाले. विमानविद्येतील तत्त्वावर आधुनिक पवनचक्कीची निर्मिती करण्यात आली. एअरोजनरेटरच्या साहाय्याने पवनशक्तीचा उपयोग करून विद्युतनिर्मिती

करता येते. त्यासाठी उंच, कमी जाडीचे स्तंभ उभारले जातात. या स्तंभाच्या टोकावर विमानाच्या पंख्यासारखी, प्रचंड लांबलचक पाती बसविलेली असतात. वाऱ्यामुळे ही पाती फिरतात. त्यायोगे जनित्रे फिरविली जातात व विद्युतनिर्मिती होते. ही पाती वजनाने हलकी असतात. त्यामुळे वाऱ्याचा वेग कमी असला, तरी पाती फिरतात. अनेक पवनचक्क्या शास्त्रीय दृष्टिकोनातून गटवार उभ्या केलेल्या असतात. या गटांना पवनशक्ती केंद्रे म्हणतात. इलेक्ट्रॉनिक्स व आधुनिक पदार्थविज्ञानाच्या साहाय्याने पवनचक्की वाऱ्याच्या वेगवेगळ्या गतीमध्येही ऊर्जा निर्माण करू शकते. त्यामुळेच अनेक पवनचक्क्या व जनित्रे यांच्या साखळीतून मोठ्या प्रमाणावर वीज तयार होते.

जगात अनेक ठिकाणी सांडपाण्याच्या निचरा करण्यासाठी तसेच विहिरीतून पाणी उपसण्यासाठी पवनचक्क्यांचा उपयोग केला जात आहे. जसा उपयोग करायचा त्याप्रमाणे त्यांच्या पात्यांवर आवरण बसवितात. काही पात्यांना कापड बसविलेले असते. तर काही लाकडी पट्ट्यांनी तयार केलेल्या असतात. काही पवनचक्क्यांमध्ये जुने पिंप, दोन भागांत कापून त्याचे दोन अर्धगोल एका सरळ दांड्यावर जोडलेले असतात. अशा प्रकारच्या पवनचक्क्या ऑस्ट्रेलिया व अमेरिकेत बऱ्याच ठिकाणी आढळतात. कॅलिफोर्निया येथील अल्टामाँट पास येथील पवनशक्ती केंद्रात तीनशे वायुजनित्रे आहेत. त्यातून मोठ्या प्रमाणात विद्युतनिर्मिती होते.

आज ५६ हजार पवनचक्क्या, ४५ देशांतील, १ कोटी ४० लाख घरांसाठी, २७ हजार मेगावॅट इतकी विद्युतऊर्जा निर्माण करत आहेत. माणसाने या अविरत मिळणाऱ्या ऊर्जेचे महत्त्व ओळखले आहे. मध्यंतरीच्या काळात तेलऊर्जा, खनिजऊर्जा, आण्विकऊर्जा यांच्यापुढे पवनऊर्जेकडे जरा दुर्लक्ष झाले होते; परंतु तेलऊर्जा आणि खनिजऊर्जा ही कायम टिकणारी नसल्याचे लक्षात आले आणि पवनऊर्जेचे महत्त्व वाढले.

✳

आधुनिक शेतीचा साथीदार

१९ व्या शतकातील मध्यान्हीचा तो काळ होता. औद्योगिक क्रांतीमुळे छोटी-मोठी यंत्रे तयार होत होती. शेती, कापड उद्योग, वेगवेगळी घरगुती उपकरणे, वैद्यकशास्त्र अशा प्रत्येक क्षेत्रात उपयोगी पडेल असे संशोधन चालू होते. शेतीकामासाठी नवीन यंत्रांची गरज भासत होती. त्यासाठी तंत्रज्ञ खटपट करत होते. पूर्वीची शेतीची अवजारे आकाराने मोठी असत. किले नावाच्या ब्रिटिश तंत्रज्ञाने १८५७ मध्ये शेतीची अवजारे ओढण्यासाठी वाफेच्या इंजिनावर चालणारे यंत्र तयार केले होते. जनावरांऐवजी या यंत्राने ती ओढण्याचा प्रयोग यशस्वी झाला तेव्हा लोकांनाही या यंत्राबद्दल कुतूहल वाटू लागले. कालांतराने या यंत्राला मागच्या बाजूला नांगराचे फाळ बसविले आणि त्याने जमीन नांगरण्यात येऊ लागली. आता हे यंत्र ट्रॅक्टर म्हणून ओळखले जाऊ लागले आहे. पूर्वीच्या ट्रॅक्टरला बराच लवाजमा लागत होता. शेतातून हा ट्रॅक्टर फिरविताना, त्यात लाकडे व पाणी भरण्यासाठी मधून मधून तो थांबवत. या कामासाठी एक माणूस नेमलेला असे. पुढच्या बाजूला दोन घोडे व ट्रॅक्टर चालविणारा असे. लाकूड पेटवून त्यावर लक्ष ठेवण्यासाठी एक आगवाला, तर मागच्या नांगराच्या फाळासाठी दोन माणसे काम करत. या ट्रॅक्टरची

चाके पोलादी होती. ट्रॅक्टर व्यवस्थित चालतो आहे ना, हे पाहण्यासाठी एक माणूस ट्रॅक्टरबरोबर पायी फिरत असे. अशा पद्धतीने सहा माणसे, घोडे यांच्या साह्याने हा ट्रॅक्टर शेतात फिरविला जाई.

वाफेवर चालणारे ट्रॅक्टर फार काळ उपयोगात आणले गेले नाहीत. त्यानंतर चार्टर गॅस इंजिन कंपनीने एक नव्या तऱ्हेचा ट्रॅक्टर तयार केला. यात एक सिलिंडर बसविलेले होते आणि त्यातच इंधनाचे ज्वलन होण्याची व्यवस्था केलेली होती. ट्रॅक्टर बांधणीत ही नवी कल्पना होती. त्यानंतर १८९२ मध्ये पहिला पेट्रोल इंजिन बसविलेला ट्रॅक्टर बनविला गेला. ट्रॅक्टर हा केवळ चाके लावलेले इंजिन असते. त्यावर काहीही सामान ठेवता येत नाही. तसेच उतारूंची वाहतूक करता येत नाही; परंतु ट्रॅक्टरच्या साह्याने बरीच कामे करवून घेता येतील, हे लक्षात आल्यावर ट्रॅक्टरच्या रचनेत सतत बदल करण्यात येत होते.

१९०४ मध्ये बेंजामिन होल्ट यांनी पेट्रोल इंजिन ट्रॅक्टरला साखळी पट्ट्या लावल्या. प्रत्येक पट्ट्याला लाकडाचे ठोकळे बसविलेले होते. कालांतराने प्रत्येक पट्ट्याला स्वतंत्र क्लच जोडला. त्यामुळे एवढा मोठा ट्रॅक्टर वळविणे सोपे जाऊ लागले. वजनदार ट्रॅक्टर अवजड व चालवायला कठीण जात. हेन्री फोर्ड यांनी १९०६ मध्ये चार सिलेंडर वापरून एक प्रायोगिक ट्रॅक्टर तयार केला. ट्रॅक्टरचे वजन कमी करण्यासाठी त्यात अजून सुधारणा करण्याचे प्रयत्न चालू होते. फोर्ड कंपनी त्यासाठी विशेष प्रयोग करत होती. यात ट्रॅक्टरची दंतचक्रे तेलात बुडविलेली होती, तर इंजिनाला लागणारी हवा एका मोठ्या ओल्या कापडाच्या गाळणीतून पुरवित होते. या ट्रॅक्टरचे इंजिन व इतर भाग बिडाच्या पेटीत बसविलेले होते. या ट्रॅक्टरला 'फोर्डसन' असे नाव देण्यात आले. हा ट्रॅक्टर लोकांच्या पसंतीस उतरला, म्हणून अशा प्रकारचे १५ ट्रॅक्टर तयार करण्यात आले.

पहिल्या महायुद्धाच्या वेळी शेतात काम करण्यासाठी मजूर मिळत नव्हते, वेळेवर तोडणी न झालेला माल तसाच राहून खराब होई. त्यामुळे शेतीची कामे करण्यासाठी ट्रॅक्टरची सोय झाली आणि ट्रॅक्टरच्या मागणीत वाढ झाली. कारखान्यात ट्रॅक्टर बांधणीचे काम वेगाने सुरू झाले. ट्रॅक्टरला मागे जोडलेले फाळ, तसेच गवत कापणीची, बांधणीची छोटी यंत्रे, एकाच वेगाने चालविता येतील अशी सोय ट्रॅक्टरमध्ये केली. सुरुवातीला ट्रॅक्टरला लोखंडी चाके वापरली जात. १९३१-३२ मध्ये रबरी हवेचे टायर उपयोगात आणले गेले. टायरची रुंदी वाढविण्यात आली. टायरवरील उंचवटेही सारख्या अंतरावर परंतु मोठ्या आकाराचे केले. यामुळे टायरची जमिनीवरील पकड वाढली. पर्यायाने ट्रॅक्टरची कार्यक्षमताही सुधारली.

ट्रॅक्टरच्या प्रत्येक भागामध्ये बदल करून त्यांची कार्यशक्ती व उपयुक्तता वाढविली जात होती. इंजिन तर त्याचा मुख्य घटक होता. सुरुवातीला असणारे

वाफेवर चालणारे इंजिन बदलून कोळशावर चालविले जाऊ लागले. नंतर केरोसिन, पेट्रोल ही खनिज तेले वापरली गेली. सरते शेवटी डिझेल इंजिन सर्वांत उत्तम असल्याचे लक्षात आले. आजही ट्रॅक्टर्स डिझेल इंजिनावर चालतात. पूर्वी सुमारे नऊ टन वजन असलेले ट्रॅक्टर आता एक टन एवढ्या कमी वजनाचे झालेले आहेत.

नांगरणी, कुळवणी, कापणी ही शेतीची कामे करण्यासाठी 'कृषिफार्म ट्रॅक्टर्स' तयार केले गेले. जमीन आणि ट्रॅक्टरचा तळाचा भाग यामध्ये भरपूर जागा राहील, अशीही काळजी घेण्यात आली. अवजड ट्रॅक्टर वळवायला सोपा जाण्याची यंत्रणा त्यात विकसित केली. शेतातील पेरणी, लावणी तसेच फवारणी करण्याची कामेही ट्रॅक्टरने करता येऊ लागली. ही शेतीची कामे करण्यासाठी विशेष यंत्रे वापरतात. ती यंत्रे ट्रॅक्टरद्वारा जमिनीवरून फिरविली जातात. ट्रॅक्टरने शेतात कीटकनाशकांसाठी फवारे मारता येतात, शेतातील माती व बर्फ हलविण्याची कामेही करून घेता येतात. ट्रॅक्टरच्या साहाय्याने पेरणीसाठी जमीन नांगरून देणारा, लहान शेतांसाठी उपयुक्त असा यांत्रिक नांगर शेतकरी मोठ्या प्रमाणात वापरू लागले आहेत.

औद्योगिक ट्रॅक्टरचा उपयोग कच्चा किंवा तयार माल हलविण्यासाठी होतो. या ट्रॅक्टर्सना भक्कम टायर्स लावलेली असतात. शेतीची कामे वेळेवर आणि भराभर होणे फार महत्त्वाचे आणि आवश्यक असते. हे ओळखून आधुनिक शेतकरी ट्रॅक्टरसारखे शक्तिमान साधन वापरून आपली प्रगती करून घेत आहेत.

※

गवत कापायचे यंत्र

एडविन बडिंग नावाचा एक कापड गिरणी कामगार होता. तो रोज कामावरून आला, की फिरायला जात असे. बडिंगला हिंडायचा फार नाद होता. मस्त मजेत रस्त्यांनी किंवा शेतात, डोंगरावर फिरायला त्याला फार आवडे. त्याची चौकस बुद्धी आणि निरीक्षणशक्ती फार तीव्र होती. निसर्ग न्याहाळत फिरताना अवतीभोवतीच्या अनेक गोष्टी तो बारकाईने पाही. एक दिवस बडिंगने एका आलिशान घरासमोरील गवत कापण्याचे काम पाहिले. मोठ्या, लांब आणि अवजड धारदार पात्यांनी हे काम चालले होते. त्यासाठी अनेक लोक ठराविक अंतरावर रांगेत उभे होते आणि पाते गवतावरून एकसारखे फिरवत होते. थोड्या-थोड्या अंतराचे हिरवळ कापण्याचे जिकिरीचे काम करायला बऱ्याच लोकांची मदत लागत होती.

बडिंगला ते दृश्य पाहून त्याचे कापड गिरणीतील काम आठवले. त्याच्या गिरणीत तयार झालेल्या लोकरीच्या कापडावर तंतू तसेच राहत. हे तंतू काढून कापड मऊ करण्यासाठी एकसारखे वरच्यावर कापावे लागे. जसे कापड कापण्यासाठी आपण मशीन वापरतो, तसेच मशीन गवत एकसारखे कापण्यासाठी बनवायला

हवे; असा विचार बडिंगच्या मनात आला. तो कामाला लागला. त्याने यंत्राचे डिझाईन तयार केले आणि फेरबी या कारखानदाराच्या मदतीने गवत कापण्याचे यंत्र तयार केले. या यंत्राचा आकार सिलेंडरसारखा होता आणि त्याला पाती बसविली होती. सुरुवातीला घोड्यांच्या साह्याने ते ओढण्यात येत होते. घोड्यांचे पाय हिरवळीत उठू नयेत म्हणून घोड्यांच्या पायांना रबरी बूट घालत. थोड्याच कालावधीत या यंत्राला एक लांब दांडा बसविण्यात आला. दांड्यांच्या साह्याने लोकांना मशीन ढकलता येऊ लागले. तसेच दांड्यामुळे फारसे वाकावेही लागत नव्हते. इ.स. १८३१ मध्ये एडविन बडिंगने हे गवत कापण्याचे यंत्र तयार केले. मोठमोठ्या जमिनदारांना त्याचे प्रात्यक्षिक दाखविले. सुरुवातीला लोकांनी नाके मुरडली. मोठ्या बागा असलेल्या मालकांनी कामगारांच्या कष्टानेच गवत कापण्याचे काम चालू ठेवले. हळूहळू या यंत्राचे महत्त्व लोकांना पटू लागले. विशेषत: घरासमोर छोटी बाग असलेल्या मालकांना यंत्राची उपयुक्तता पटली. कारण यंत्रामुळे त्यांचे बरेच कष्ट वाचत होते. अशा तऱ्हेने गवत कापण्याच्या यंत्राची कल्पना, कापड तयार करण्याच्या कारखान्यातून मिळाली आणि ती प्रत्यक्षातही आली.

इंग्लंडमध्ये तसेच लंडनच्या झूलॉजिकल गार्डन इन रिजन्ट्स पार्क या ठिकाणी हे यंत्र किंवा लॉनमूवर वापरण्यास सुरुवात झाली. एडविनने एका न हलणाऱ्या पात्याभोवती गोल फिरणारी पाती जोडली होती. रॅनसम आणि मे या दोन कृषी अभियंत्यांनी एडविनच्या यंत्रात काही बदल केले आणि या यंत्राला बाजूने चाके बसविली. मूळच्या सिलिंडरच्या आकाराच्या गवत कापण्याच्या यंत्रात पुढे काही बदल करण्यात आले. यामध्ये अनेक लहान पाती गोलाकार जिन्याच्या पायऱ्यांसारखी बसविली. त्यामुळे यंत्र फिरविताना ही हलणारी पाती आणि तळाला बसविलेले न हलणारे पाते यामध्ये कात्रीसारखी हालचाल होऊन गवत कापले जाऊ लागले; परंतु हे यंत्र भरभर फिरविले तरच गवत एकसारखे कापले जाते. या यंत्रातील पात्यांना मुद्दाम धार लावावी लागत नाही. कारण दोन्ही पात्यांच्या हालचालींमध्ये पात्यांना आपोआपच धार होऊन जाते. सिलिंडरच्या दोन्ही बाजूंना चाके बसविल्यामुळे यंत्राचे काम अधिक सुलभ झाले.

रोटरी पद्धतीचे गवत कापायचे यंत्र वजनाला हलके, सहज फिरविता येण्याजोगे असते. या यंत्राने लांब गवत विशेष चांगले कापले जाते, परंतु या यंत्राने हिरवळ एकसारखी होतेच, असे नाही. हे यंत्र विजेवर चालते. त्यामुळे त्याचा वेग बराच असतो. यंत्रातील पाते स्टीलचे असते. एखाद्या मोठ्या दगडाला यंत्र अडले तर पाते तुटण्याऐवजी वाकते. यंत्राचा वेग जास्त असल्यामुळे त्यातील पात्याला मधूनमधून धार लावावी लागते. कालांतराने उंच गवत कापण्यासाठी यंत्राची उंची कमी-अधिक करण्याची सोय या यंत्रात करण्यात आली. सुरुवातीची ही यंत्रे माणसांना हाताने

फिरवावी लागत. त्यामुळे गवत कापण्याच्या वेगावर मर्यादा येई. शिवाय कमी-अधिक जोरामुळे गवत अगदी एकसारखे कापले जात नसे. सिलिंडर आणि रोटरी या दोन्ही प्रकारच्या यंत्रांना विद्युत मोटार लावणे शक्य झाल्यावर या यंत्रांची उपयुक्तता खूपच वाढली. तसेच त्यांना रबरी टायर्सही बसविण्यात आली.

१९६३ मध्ये फ्लायमो नावाचे नवीन गवत कापायचे यंत्र ब्रिटनमध्ये तयार केले गेले. या यंत्रासाठी हॉवरक्राफ्टचे तत्त्व वापरले होते. त्यात एक उभे पाते बसविलेले होते. ते गोल फिरेल अशी व्यवस्था होती. त्याच्या खालच्या बाजूला सतत जोराने हवा सोडून हवेचा थर तयार केला जातो. रबरी कापडाने हा थर अडवून, एकत्र धरून ठेवला जातो. त्यामुळे यंत्राच्या तळाशी हवेची उशी तयार होई व यंत्र वरच्यावर काम करी. प्लॉस्टिकचा सांगाडा असलेले हे यंत्र वजनाला अतिशय हलके आहे. हान्झ झिपफेल या जर्मन अभियंत्याने या यंत्रातील हवेच्या उशीची रचना अधिक चांगली केली. फ्लायमोने जास्त लांबीचे गवतही कापता येते. तसेच त्यात कापलेले गवत ठेवण्याची सोय आहे. पावसामुळे किंवा दव पडल्यामुळे ओले झालेले गवतही फ्लायमोने कापता येते. वजनाने हलके असल्यामुळे चढावरही हे यंत्र सहजतेने फिरविता येते. पेट्रोलवर चालणारे फ्लायमो यंत्र जगभर वापरले जाते.

गोल्फ, क्रिकेट या खेळाच्या मैदानांवरील गवत अगदी शास्त्रोक्त पद्धतीने कापले जाते. त्यासाठी ही यंत्रे फार उपयुक्त आहेत. दूरवर लांब पसरलेली हिरवीगार हिरवळ मनाला सुखावते. म्हणूनच मोठमोठी हॉस्पिटल्स, हॉटेल्स, सार्वजनिक बागा या ठिकाणी मुद्दाम प्रयत्नपूर्वक हिरवळीचे आकर्षक पट्टे राखले जातात. माणसाने आपली सौंदर्यदृष्टी जपण्यासाठी नेहमी विज्ञानाची मदत घेतली आहे. गवत कापण्याचे यंत्र हे त्याचेच द्योतक आहे, असे निश्चित मानता येईल.

✳

अशी साधली मासेमारीतील प्रगती!

चॉकलेटी डोंगर, डोंगरांमधून उगवणारा केशरी-लाल सूर्य, खाली निळे पाणी, पाण्यात होडी आणि मासे, कडेला नारळाचे झाड असे छान देखाव्याचे चित्र आपण सर्वजण लहानपणी किती तरी वेळा काढतो. या चित्रातल्या पाणी, होडी आणि मासे या तीनही गोष्टी एकत्रितपणे आपल्या मनात कायमच्या बसलेल्या आहेत. माणसाच्या आधी या पृथ्वीतलावर माशांचा जन्म झालेला आहे. भारतीय पौराणिक ग्रंथांमध्येही श्रीविष्णूने जगातला प्रथमावतार माशाच्या रूपात घेतला, असा उल्लेख आहे. पाण्यात सुळकन इकडून तिकडे फिरणाऱ्या माशांना पकडण्यात माणसाला मजा वाटत होती. तसेच अन्न म्हणूनही त्यांचा त्याला चांगला उपयोग होत होता. माशांना मारण्यासाठी माणूस अनेक छोट्या-मोठ्या युक्त्या वापरत होता. सुरुवातीला चक्क पाण्यात हात घालूनच मासे पकडले जात. नंतर मासे मारण्यासाठी टोकदार काठ्या, त्रिशूळ यांसारखी छोटी हत्यारे वापरली जाऊ लागली. पाण्याबाहेर काढला, की मासा जिवंत राहू शकत

नाही, हे माणसाला समजले, म्हणून मग हत्यारांनी मासे जखमी करण्यापेक्षा इतर उपाय तो शोधू लागला. एकमेकांत अडकलेल्या मऊ वेली पाण्यात सोडून मासे पकडायला सोपे जाऊ लागले आणि त्यातूनच सुताची, तागाची जाळी माणसाने तयार केली. जाळ्यामध्ये एकावेळी बरेच मासे पकडता येऊ लागले. टोकदार शंख-शिंपल्यांचे, झाडाच्या मजबूत व लांब काट्यांचे गळ यांचा उपयोगही मासे पकडायला होऊ लागला.

गळ लावून मासे कसे पकडायचे, याविषयी सन ९९० मध्ये एल्फ्रिक या इंग्रजी माणसाने एक पुस्तिका लिहिली. त्यानंतर १४९६ मध्ये गळाने मासे पकडण्याचे सविस्तर वर्णन ज्युलिऑना बेर्नेर्स या बाईंनी एका पुस्तकात केले. माशांना चकविण्यासाठी गळाला कृत्रिम माश्या लावाव्यात आणि त्या कशा तयार कराव्यात याची कृतीही बेर्नेर्सबाईंनी पुस्तकात दिली होती. अन्नासाठी आणि छंद म्हणून गळ लावून मासे पकडण्याचे तंत्र माणसाने चांगलेच अवगत करून घेतले.

लाकडाचा ओंडका पाण्यावर तरंगतो. त्यावर बसून, पाण्यात दूरवर फिरता येते. हे लक्षात आल्यावर फक्त किनाऱ्यावर बसून मासे न पकडता माणूस नदीत, समुद्रात दूरपर्यंत मासेमारीला जाऊ लागला. लाकडाला आकार देऊन खोलगट नौका बनविण्याची कल्पना माणसाला सुचली. जाळीदार कापड आणि नौका यांच्या मदतीने मासेमारीत बरीच प्रगती झाली. कालांतराने नौकेच्या रचनेत, आकारात बदल झाले. मासेमारीसाठी जहाजे, आगबोटी तयार झाल्या, मासे पकडण्यासाठी विविध आकारांची जाळी बनविण्यात येऊ लागली.

नरसाळ्याच्या आकाराचे जाळे दोन दोरखंडांनी मच्छीमारी बोटीला बांधलेले असते. वाहत्या पाण्यातून येणारे मासे जाळ्याच्या तोंडातून आत जातात व मागच्या निमुळत्या भागात अडकतात. बोटीला बांधलेले दोर मच्छीमार ओढतो, तेव्हा हे जाळे वर खेचले जाते व त्यातील मासे काढून घेतले जातात.

पिशवी किंवा बटव्याच्या आकाराची चौकोनी जाळी अगदी ५०० फुटांपासून ते ६५०० फूट एवढ्या लहान-मोठ्या आकाराची असतात. त्यांना इंग्रजीत 'सीन नेट' असे म्हणतात. लांब पडद्यासारख्या या जाळ्याच्या खालच्या बाजूला कड्या जोडलेल्या असतात. या कड्यांमधून एक मजबूत दोरी ओवलेली असते. जाळ्याच्या वरच्या बाजूला प्लॅस्टिकच्या गोल रिंगा शिवलेल्या असतात. त्यामुळे जाळे पाण्यावर तरंगते. मोठ्या आगबोटीवर हे जाळे नीट रचून ठेवतात. या जाळ्याजवळ एक लहान नाव असते. यंत्रसामग्रीने सुसज्ज असलेली ही आगबोट माशांचा शोध घेण्यास निघते. माशांचा मोठा थवा दिसला, की लहान नाव पाण्यात सोडतात. जाळ्याचे एक टोक व त्याची दोरी लहान नावेत धरून ठेवतात. आगबोट माशांच्या थव्याजवळ जाऊन जाळे सोडते. जाळ्याचा वेढा माशांवर पडतो. आगबोट लहान नावेपाशी येते व त्या नावेतील जाळ्याचे टोक वर घेते. आता दोन्ही टोके यारीने खेचून घेतात. त्यामुळे खालून पिशवी बंद होते व मासे आत अडकून राहतात. नंतर किनाऱ्यावर ही पिशवी दुसऱ्या जहाजात रिकामी करतात. ही मासेमारी पद्धत सर्व देशांमध्ये प्रचलित आहे. यामुळे एका वेळी खूप मासे पकडता येतात. शिवाय यंत्राच्या मदतीने दोऱ्या ओढणे सोपे जाते. लांब समुद्रात जाऊन मासेमारी करता येते. त्यामुळे माशांचा थवा नक्की सापडतो. पाण्यात फार खोल न जाता, मासेमारी, करण्यासाठी 'गील नेट'चा उपयोग करतात. हे जाळे अगदी बारीक दोऱ्यांनी विणलेले असते. त्यामुळे ते पाण्यात टाकलेले पटकन दिसतही नाही. ही जाळी लहान-मोठ्या सर्व आकारांची वापरतात. कितीतरी प्रकारचे, जातीचे मासे एका ठिकाणी अंडी घालून दुसऱ्या ठिकाणी स्थलांतरित होतात. विशिष्ट कालावधीनंतर ते परत मूळ जागी येतात. बहुधा त्यांचे मार्ग नक्की ठरलेले असतात. अशा स्थलांतरित माशांच्या मार्गाचे बरेच संशोधन करण्यात आले आहे. हे मासे जाळ्यात पकडण्यासाठी त्यांच्या मार्गावर गील नेट टाकतात. लांबलचक जाळ्याची पाण्यात जणू काही भिंतच उभारलेली असते. मासे पुढे जाण्यासाठी जाळ्यावर धडका मारू लागतात आणि जास्तच अडकतात.

मासे सतत खाद्याच्या शोधात पाण्यात फिरत असतात. त्यांना खाऊचे आमिष दाखवून गळाने पकडले जाते किंवा आकड्यात अडकविले जाते. पाण्याच्या

पृष्ठभागाशी समांतर अशी एक लांबलचक दोरी धरतात. या दोरीला अधूनमधून अनेक आखूड दोऱ्या उभ्या जोडलेल्या असतात. या दोऱ्यांना अॅल्युमिनियमचे छोटे मासे किंवा माशांच्या कुटाच्या गोळ्या लावलेल्या असतात. पाण्यातले मासे त्यांच्याकडे आकर्षित होऊन अडकले जातात. देवमासे पकडण्यासाठी एक जाडजूड लांब दोरखंड घेतात. त्याला टोकदार त्रिशूल बांधतात व हा दोरखंड पाण्यात सोडतात.

मासे हे एक उत्तम अन्न आहे; असे माशांचा अभ्यास करताना लक्षात आले. त्यामुळे मासे खाणाऱ्या लोकांचे प्रमाणही वाढले. माशांची मागणी पूर्ण करण्यासाठी मासे पकडण्याच्या तंत्रात सतत प्रगती झाली. तशीच प्रगती मासे साठविण्याच्या पद्धतीमध्ये होत गेली. कारण मासा मेला, की लगेचच सूक्ष्म जिवाणूंमुळे तो दूषित व्हायला लागतो. त्यातील प्रथिनांचे विघटन होऊ लागते. अशा दुर्गंधीयुक्त शिळ्या माशांना बाजारात किंमत येत नाही. यासाठी मासे पकडल्यावर त्यांच्यावर जहाजातच प्रक्रिया करण्यास सुरुवात होते. या कामासाठी सुसज्ज जहाजे बांधण्यात येऊ लागली. जहाजामध्ये प्रत्येक कामासाठी स्वतंत्र विभाग तयार करण्यात आले. मासे पकडले, की लगेचच स्वच्छ करून कापतात आणि शीतगृहात ठेवतात. तसेच मासे मिठाच्या पाण्यात घालून खारविले जातात. माशांना धुरी देण्याचीही एक पद्धत विकसित करण्यात आली आहे. मासे प्रथम खाऱ्या पाण्यात ठेवून नंतर मोठ्या लाकडी धुराड्यात भाजतात. धूर आणि उष्णतेने मासे अधिक चविष्ट लागतात. माशांचे पीठ करून ठेवण्याचेही तंत्रज्ञान विकसित करण्यात आले आहे.

मासेमारीसाठी जहाजे बरेच दिवस समुद्रात राहण्यासाठी दोन-तीन मजली जहाजे बांधली जाऊ लागली. त्यामध्ये जहाजांवरील कामगारांसाठी खोल्या बांधतात. तसेच जेवणाखाण्याची सोय असते. वरच्या मजल्यावर जहाजाच्या मार्गनिर्देशनासाठी लागणारी सर्व आधुनिक उपकरणे, मासे पकडण्यासाठीची इलेक्ट्रॉनिक्स उपकरणे व रेडिओ दूरध्वनी यंत्रणा बसविली जाऊ लागली. मासे पकडण्याच्या जागा हुडकण्यासाठी तसेच ते किती खोल पाण्यात आहेत हे समजण्यासाठी जहाजावर प्रतिध्वनिमापक साधने वापरली जात आहेत. आता तर मोठ्या मच्छीमारी नौकांवर हेलिकॉप्टरचाही उपयोग करतात.

पूर्वी मासेमारी हा पारंपरिक उद्योग होता. आता नव्या सोयी-सुविधांनी त्याला जागतिक स्तरावर चांगलेच महत्त्व प्राप्त झाले आहे.

✻

हरितगृहे : कृत्रिम शेतीचे कारखाने

निसर्गाच्या कृपेवर शेतीचे उत्पादन अवलंबून! आपल्या हातात काय आहे? असे हताश विचार करून निसर्गाकडे डोळे लावून बसायचे? छे! काहीतरीच काय! एवढंच नाही, तर पुढे जाऊन बिगर मोसमी फळे, भाज्या खायला मिळविण्यासाठीसुद्धा शक्कल लढविली पाहिजे! हे विचार काही अगदी आधुनिक जगातले नाहीत, तर अगदी पहिल्या शतकातील राजा टिबेरियस याला हंगाम नसतानाही काकड्या खायला मिळाव्यात, असे वाटले होते. राजाचीच इच्छा होती. त्यासाठी पारदर्शी, चकचकीत गारगोटी दगड, थोड्या उंचीवर ठेवून त्यांच्याखाली काकड्यांची लागवड करण्याचे प्रयोग झाले. ही सर्वात पहिली कृत्रिम शेतीच्या प्रयोगाची नोंद आहे. अर्थात हा विचार त्या वेळच्या सामाजिक परिस्थितीत फारसा रुजला नाही. मात्र १६ व्या शतकात निसर्गाच्या लहरीपणावर मात करण्यासाठी नवे तंत्रज्ञान शोधण्याचे प्रयत्न सुरू झाले आणि हरितगृह तंत्रज्ञानाचा जन्म झाला.

पिकांचा थंडीपासून बचाव करण्यासाठी काचेचे कंदील किंवा घंटेच्या आकाराच्या काचेच्या हंड्या वापरल्या जात. अति थंडी किंवा तीव्र उन्हाळ्यापासून पिकांचे संरक्षण करण्यासाठी जपानमध्ये काडाच्या जाड चटयांच्या बरोबर तेलकट कागदाचा उपयोग करत. फ्रान्स आणि इंग्लंडमध्ये १७ व्या शतकात कमी उंचीच्या, सहजपणे इकडून तिकडे नेता येण्याजोग्या लाकडी चौकटी तयार केल्या. त्यावर तेलकट

कागद घालण्यात आला,त्यातून प्रकाश आत जाऊ शकत होता. या पद्धतीत झाडांना गरम वातावरण मिळण्याची सोय झाली.

१६१९ मध्ये सॉलोमन याने संत्र्यांची झाडे निवाऱ्याखाली वाढविली. ही झाडे नुसती जगली नाहीत, तर त्यांना भरपूर फळे आली. हा प्रयोग यशस्वी झाल्यावर साध्या विटांनी लहान, लांबीने जास्त असलेल्या खोल्या त्याने बांधल्या. हवेसाठी झरोके केले आणि आतील वातावरण गरम ठेवण्यासाठी छोट्या शेगड्या आत पेटविण्याची सोय केली. थोड्याच कालावधीत या खोल्यांमध्ये अधिक उजेडाची आवश्यकता असल्याचे लक्षात आले. त्यासाठी काचेचे छप्पर बसवावे अशी कल्पना श्वाइटर या शेतकऱ्याने मांडली. १८३७ मध्ये जोसेफ पॅक्सटन याने ती अंमलात आणली. कालांतराने मोठ्या पाईपमधून हरितगृहात गरम पाणी फिरवून आतील वातावरण उबदार ठेवण्याचे प्रयत्न झाले.

सुरुवातीच्या हरितगृहांना फक्त एका बाजूला उतरते छप्पर म्हणून काच बसविलेली होती. त्यानंतर दोन्ही बाजूंनी काचेचे आवरण केले गेले. त्या वेळी हरितगृहात मुख्यत: फळांचे उत्पादन करीत. फार क्वचित भाज्यांची लागवड हरितगृहात होई. दुसऱ्या महायुद्धापूर्वी हरितगृहांचा उपयोग करण्याचे प्रमाण कमी होते. शिवाय काचेचा खर्चही खूप होता. यावर उपाय म्हणून प्रो. एस्त्री मायर्स इमर्ट यांनी काचेच्या ऐवजी पॉलिइथायलिनचा उपयोग केला. पॉलिइथायलिन हे कमी घनतेचे, उष्णतेचे दुर्वाहक असलेले प्लॅस्टिक आहे. प्लॅस्टिक वापरण्यास सुरुवात झाल्यापासून हरितगृहाला 'पॉली हाऊस' असेही म्हटले जाऊ लागले.

युरोपमधील राजसभेसाठी थंडीच्या दिवसांत, वसंतऋतूत फुलणारी फुले आणि बिगरहंगामी फळे हरितगृहात पिकविली जाऊ लागली. नेदरलँडमध्ये हरितगृहांमधून पीक उत्पादनाचे प्रयोग जोरदार सुरू झाले. आज जगामध्ये हरितगृह व्यवसाय करणारा सर्वांत मोठा देश म्हणून नेदरलँडने नाव मिळविले आहे. पश्चिम हॉलंडच्या शेतकऱ्यांनी खडकाळ भागात काचेच्या आवरणाखाली द्राक्षबाग फुलविली. थंडीच्या दिवसांत हरितगृहांमध्ये सूर्याची उष्णता एकवटून द्राक्ष उत्पादन लवकर मिळविण्याचा प्रयोग त्यांनी केला.

ॲमस्टरडॅममध्ये कडाक्याची थंडी पडण्याआधी जमिनीतील सुंदर जांभळ्या रंगाच्या लिलीच्या फुलांची रोपटी काढली आणि नियंत्रित थंडीत हरितगृहात वाढविली. त्यांना सुंदर फुले आली. हा प्रयोग चांगलाच यशस्वी झाला. त्यानंतर ॲमस्टरडॅममध्ये विविध फुलांच्या लागवडीचे हरितगृहात भरपूर उत्पादन घेण्यात येऊ लागले. कॅलिफोर्नियातही फुलांचे ताटवे फुलविण्यास या हरितगृहांनी मोठा हातभार लावला. विमानासारखी वेगवान वाहतूक व्यवस्था मोठ्या प्रमाणात सुरू झाल्यावर बिगरहंगामी फळे, फुले, देशोदेशी पाठविता येत आहेत.

भारतातही हरितगृहांची संख्या वाढते आहे. कमीतकमी पाणी, वीज व जमीन यांचा वापर करून दर्जेदार फुले, भाजीपाला, फळभाज्या यांचे उत्पादन हरितगृहांमुळे मिळवता येते. ब्रोकोली, लेट्यूस इ. भाज्या, तसेच रंगीत ढोबळी मिरची, उत्कृष्ट जातीचे गुलाब, जरबेरा, शेवंती, लिलियम इ. फुलझाडे ही हरितगृहांमुळे वर्षभर मिळणारी उत्पादने झाली आहेत. जंगलांमधून झपाट्याने कमी होत चाललेल्या सुगंधी वनस्पतींची हरितगृहांमध्ये लागवड करण्याचे उपयुक्त प्रयत्न चालू आहेत. पूर्णपणे कृत्रिम वातावरणात शेतीचे उत्पादन घेण्याची ही कल्पना प्रत्यक्षात उतरविण्यासाठी खूप अभ्यास केला गेला. अजूनही यामध्ये संशोधन चालूच आहे. हरितगृहातील एकूण हवेचे प्रमाण, त्यात लावलेल्या झाडांच्या मुळांचे तापमान, पाणी, दमटपणा, कार्बन डाय ऑक्साईडची टक्केवारी आणि उजेड, या सर्वांचा प्रत्येक पिकासाठी स्वतंत्र अभ्यास केला गेला. हरितगृहामध्ये काचेच्या आवरणातून सूर्याची भरपूर उष्णता आत येते. त्यामुळे बाहेरच्या हवेपेक्षा आतले तापमान जास्त असते. ते पिकांसाठी नियंत्रित ठेवावे लागते. पिकांचे उत्पादन अधिकाधिक आणि दर्जेदार येण्यासाठी सतत नवे प्रयोग आणि संशोधन झाले आहे.

हरितगृहांच्या तंत्रज्ञानासाठी संगणकाचा खूप उपयोग होतो. कृत्रिम वातावरण आणि वनस्पतींच्या वाढीचे टप्पे, या सर्व गोष्टी संगणकाच्या नियंत्रणाखाली कार्यरत होतात. म्हणूनच हरितगृहे ही भाज्या, फळे, फुले यांचे कारखाने आहेत, असेच म्हणता येईल.

अतिउन्हाळा, अतिथंडी, कधी गारांचा पाऊस, वादळ अशा रूपांत निसर्ग त्याची झलक माणसाला दाखवितो. याच निसर्गाशी हरितगृहांच्या माध्यमातून हातमिळवणी करण्याचा चांगला प्रयत्न माणसाने केला आहे.

❇

घातले बंधन वाहत्या पाण्याला !

गोष्ट आहे इजिप्तमधल्या एका गावाची. तिथे एक राजा राज्य करत होता. त्याचे नाव मीनीझ. त्याच्या गावातल्या लोकांना सतत पाण्याच्या टंचाईला तोंड द्यावे लागे. राजाने लोकांची अडचण जाणली आणि उपाययोजना करण्याचे ठरविले. त्याने नाईल नदीचे पाणी कोशेश या ठिकाणी अडविले. तेथे १५ मीटर उंचीची दगडी भिंत बांधली. हे साठविलेले पाणी लोकांना उपयोगी पडले. पाणी धरून, अडवून ठेवण्याची ताकद असलेली ही भिंत, धरण या नावाने प्रसिद्धीला आली. मीनीझ राजाची ही धरणाची कल्पना इजिप्तमधील इतर राजांनीही आपल्या राज्यात राबविली. ही गोष्ट आहे, इसवी सन पूर्व २९०० मधली! अर्थात, मीनीझ राजाच्या आधीच्या काळातील लोकांनीही पाण्याची रोजची गरज ओळखली होतीच. म्हणूनच त्यांनी नदीच्या, तळ्याच्या काठी आपल्या वसाहती केल्या होत्या. काही काळ त्यांना भरपूर पाणी मिळे. उन्हाळ्यात मात्र नदी, तळी आटून जात. छोटे-मोठे दगड, झाडाची खोडे लावून पाणी अडवायचा ते प्रयत्न करत; परंतु पावसाळ्यात पाण्याच्या प्रवाहात सर्व काही वाहून जाई.

कालांतराने वसाहती वाढल्या, लोकसंख्या वाढली, लोकांची पाण्याची गरज वाढली आणि कायमचा, भरपूर पाण्याचा साठा करण्यासाठी पाणी अडविले जाऊ लागले. हळूहळू मेसोपोटेमियन, बॅबिलोनिअन, चिनी, भारतीय, जपानी इ. प्राचीन संस्कृतींमध्येही शेतीसाठी आणि पिण्याच्या पाण्यासाठी धरणे बांधली गेली.

सुरुवातीच्या काळात मातीची आणि दगडाची धरणे बांधली जात होती. रोमन साम्राज्यात धरणे बांधण्याच्या कलेत बरीच प्रगती झाली. परंतु हे साम्राज्य लयाला गेल्यावर १६ व्या शतकापर्यंत मोठी धरणे बांधण्याचे काम थंडावले. त्यानंतरच्या दोन-अडीचशे वर्षांत गॅलिलिओ, न्यूटन, रॉबर्ट हूक, शार्ल कुलंब इ. वैज्ञानिकांनी पदार्थविज्ञानातील महत्त्वाचे शोध लावले होते. पाण्याचे गुणधर्म, त्याचे रासायनिक पृथ:करण अशा प्रकारचे पाण्याविषयीचे संशोधन झाले होते. तसेच मातीचे गुणधर्म, तिच्यातील रासायनिक घटक, खडक, खडकांचे प्रकार व थर यांचाही अभ्यास चालला होता. जमिनीत झिरपणाच्या पाण्यामुळे मातीवर होणाच्या परिणामांवरही संशोधन सुरू झाले होते. या सर्व माहितीचा उपयोग करून १८५३ मध्ये द सॅझिली व डब्ल्यू. जे. एम. रँकीन या दोघांनी धरणाच्या बांधकामाचा विशेष अभ्यास केला. धरणाच्या भिंतीवर कोणकोणत्या घटकांचा दाब पडतो आणि त्यांचे दूरगामी काय परिणाम होऊ शकतात, याविषयी संशोधन केले. त्यानंतर १९ व्या शतकात युरोपियन अभियंत्यांनी या क्षेत्रात खूपच प्रगती केली आणि धरण बांधण्याचे काम शास्त्रशुद्ध पद्धतींनी सुरू झाले.

विसाव्या शतकात बांधकाम करण्याच्या यंत्रसामग्रीत खूप प्रगती झाली. तसेच काँक्रिटचा शोध लागला. या दोन्ही गोष्टींचा धरण बांधण्याच्या कामात फार उपयोग होऊ लागला. धरणे विविध प्रकारांनी बांधली जातात. काँक्रिटच्या भक्कम पायांवर उभारलेली भारस्थायी धरणे मजबूत असतात. प्रचंड वेगाने येणाच्या पाण्याचा मारा सहन करण्याची या धरणांमध्ये ताकद असते. उंच धरणे बांधण्यासाठी कमानी धरणाची योजना करतात. या धरणांसाठी खडकाचा पाया लागतो. यामध्ये पाण्याचा दाब धरणाच्या भिंतीवर येत नाही. त्यामुळे त्याची भिंत फार जाड नसते. या धरणाचे बांधकामही काँक्रिटचेच करतात. कमानी धरण बांधताना, कमानींमधील कोन, त्यांचा गोलाकार यांचा फार बारकाईने अभ्यास करावा लागतो. कमानी धरण बांधणे हे कौशल्याचे काम आहे. नदीचे खोरे रुंद असल्यास, एकापेक्षा जास्त कमानी बांधतात. टेकू धरणांमध्ये नदीच्या पात्रात टेकू भिंती बांधण्यात येतात. या टेकू भिंतीच्या आधारे तिरकी काँक्रिटची भिंत उभी करतात. त्यामुळे पाण्याचा दाब या तिरक्या भिंतीवर आधी येतो. जगात काही ठिकाणी पोलादी पत्र्याचा उपयोग करून किंवा लाकडाचा वापर करून धरणे बांधली आहेत; परंतु ती संख्येने फारच कमी आहेत.

पूर्वीच्या काळी धरणातील पाणी सोडून देण्यासाठी नळांची योजना करत, परंतु नळांची संख्या आणि आकार मात्र अंदाजाने ठरविले जात. त्यामुळे बऱ्याच वेळा धरण भरून त्यांच्या मध्यावरून पाणी वाहायला लागे आणि पाण्याच्या भाराने धरणाची भिंत पडत असे. ही पडझड थांबविण्यासाठी विशेष प्रयत्न १९ व्या शतकात सुरू झाले. प्रत्येक धरणाची पाणी साठविण्याची विशिष्ट क्षमता असते. त्या क्षमतेइतके पाणी साठले, की धरण भरले असे म्हणतात. एकदा का धरण भरले, की जास्तीचे पाणी धरणाच्या खालच्या बाजूस सोडावे लागते. त्यासाठी धरणाची दारे उघडून देतात. काही धरणांमध्ये ही दारे मुद्दाम उघडावी किंवा बंद करावी लागतात, तर काही धरणांमध्ये या दारांची उघडझाप आपोआप होते. खडकवासला या जुन्या, दगडी धरणाला स्वयंचलित दारे बसविलेली आहेत. विख्यात भारतीय अभियंते विश्वेश्वरय्या यांनी संशोधन करून स्वयंचलित दारे तयार केली. धरणातील पाणी शेतीसाठी कालव्यामध्ये सोडतात. तसेच वीजनिर्मितीसाठी विद्युतकेंद्राकडे पाठविले जाते. त्यासाठी जलाशयापासून प्रवाहाला वाट देण्यासाठी बोगद्यांची किंवा मोऱ्यांची सोय करतात. हे बोगदे धरण बांधतानाच केलेले असतात.

एखाद्या नदीवर धरण बांधायचे ठरले, की त्याची जागा निवडावी लागते. तसेच धरणाचा प्रकारही ठरवावा लागतो. या कामासाठी जमिनीची कसून तपासणी करतात. त्या भागातील विविध ठिकाणी जमिनीवर खोलवर यंत्राच्या साहाय्याने भोके (ड्रिल) पाडतात. तेथील खडकांचे आणि मातीचे नमुने गोळा करून त्याचे परीक्षण करतात. त्या भागाचा भौगोलिक, आर्थिक आणि पर्यावरणाच्या दृष्टीने सखोल अभ्यास केला जातो. या कामासाठी भूगर्भशास्त्रज्ञ, पर्यावरणशास्त्रज्ञ, जलतज्ज्ञ, अर्थतज्ज्ञ अशा विविध अभ्यासकांची मदत घेतली जाते. धरण बांधण्याचा खर्च प्रचंड असल्यामुळे त्याची सुरुवात अतिशय काळजीपूर्वक आणि उत्तम नियोजनाने करावी लागते.

धरण उत्तम बांधले, तरी त्याच्याकडे सतत बारकाईने लक्ष ठेवावे लागते. कारण पाण्यामुळे त्यातील खडकांची, जमिनीची सतत झीज होत असते. १९५० नंतर अभियांत्रिकी शास्त्रात अनेक अवजारे व साधने तयार होऊ लागली. धरण बांधताना त्याच्या अंतर्गत भागात विविध प्रकारची उपकरणे बसवली जाऊ लागली. ही उपकरणे धरण बांधताना व ते पूर्ण झाल्यावरही फार उपयोगी पडतात. जलाशयाच्या पाण्याचे तापमान मोजण्यासाठी विशेष तापमापकाचा उपयोग करतात. पाण्याचा दाब मोजण्यासाठी विविध ठिकाणी दाबमापक लावलेले असतात. धरणावरील पाण्याचा भार, ताण, उभ्या आणि आडव्या हालचाली, धरणावर होणारे भूकंपाचे परिणाम अशा अनेक गोष्टी तपासून वेळोवेळी धरणांसंबंधीची माहिती गोळा करण्यात

येते. या शास्त्रीय माहितीच्या आधारे धरण सुरक्षित ठेवण्याच्या कामात मोलाची मदत होते. धरणाच्या पाण्याची उंची मोजून त्याच्या नोंदी ठेवल्या जातात. या नोंदींच्या आधारे धरणातील पाण्याचा साठा समजतो आणि त्यानुसार धरणातील पाण्याची भविष्यकाळासाठी तरतूद करता येते.

✳

हरितक्रांतीचे वाटेकरी

जमिनीत बी टाकल्यानंतर ते उगवते, जोमाने वाढते, त्याचा वृक्ष बनतो, तो फळा-फुलांनी समृद्ध होतो आणि त्यांचा उपयोग उपजीविकेसाठी करता येतो. हा एका अर्थाने विज्ञानाच्या क्षेत्रातील महत्त्वाचा शोधच आहे. त्यातूनच माणसाने पुढच्या काळात शेतीचे अनेक प्रयोग केले. त्यासाठी नवी अवजारे तयार करण्याची खटपट चालू केली. शेतीसाठी उपयुक्त, श्रम वाचविणारी शेतीची अवजारे तयार करताना माणूस त्यासाठी नवी तंत्रे, नव्या कल्पना वापरत होता. पाऊस, वारा, जमीन, प्रकाश या नैसर्गिक साधनांशी दोस्ती करत माणसाची ही वाटचाल दहा हजार वर्षे एवढी चालली होती.

१८ व्या शतकाच्या शेवटी, हजारो वर्षांपासूनचा शेती हाच व्यवसाय असणाऱ्या लाखो लोकांनी एका नव्या जगात प्रवेश केला. औद्योगिक क्रांतीचा तेव्हा जन्म झाला होता. शहरात राहणारा, समाजातील मोठा गट कारखान्यात काम करू लागला. त्यांच्या हातून छोटीमोठी अवजारे, यंत्रे तयार होऊ लागली. शेतीसाठी अवजारे तयार करण्याची कल्पना औद्योगिक युगात प्रत्यक्षात आली.

जमीन खणण्यासाठी कुदळ, पिकं कापण्यासाठी विळा, कोयता अशी अगदी प्राथमिक स्वरूपातील शेतीची अवजारं शेतकरी वापरत होते; परंतु औद्योगिक

प्रगतीमुळे हाताने करण्याच्या कामासाठी यंत्रे तयार होऊ लागली. शेतातील कष्टाची कामे सुकर आणि सुलभ होण्यासाठी या यंत्रांची खूप मदत होऊ लागली. शिवाय शेतीच्या उत्पन्नात भर पडू लागली. जमीन नांगरण्यासाठी शेतकरी लाकडी नांगर वापरत होते; परंतु १७३० मध्ये जोसेफ फॉल्जाम्बे या डच माणसाने एक नांगर तयार केला. या नांगराला लोखंडी टोक होते. माती वरखाली करायला लोखंडी टोकाचा चांगला उपयोग होत होता. 'राथरहॅम नांगर' या नावाने ओळखल्या जाणाऱ्या या नांगराने शेतीच्या अवजारांच्या उत्पादनाची मुहूर्तमेढ रोवली. त्यानंतर ५० वर्षांनी पूर्णपणे ओतीव लोखंडाचा पहिला नांगर रॉबर्ट रॅनसम या इंग्रजी माणसाने बनविला. दोन फाळांच्या नांगराने जमीन अधिक चांगल्या पद्धतीने उकरली जात असल्याचे लक्षात आल्यावर नांगराच्या रचनेत बदल केला. नंतर नांगराच्या बाजू गोलाकार केल्याने माती खाली-वर करणे अधिक सोपे जाऊ लागले. हल्ली जमिनीच्या प्रकाराप्रमाणे ओतीव लोखंडी किंवा स्टीलचे नांगर वापरतात. कोरड्या, कडक जमिनीसाठी डिस्क नांगर उपयोगी पडतात. या नांगराच्या तळाला अणकुचीदार पाती नसून, टोकदार कडा असलेल्या स्टीलच्या तबकड्या असतात. प्राण्यांनी ओढल्या जाणाऱ्या नांगरांची जागा वाफेच्या शक्तीवर चालणाऱ्या नांगरांनी १८६० मध्ये घेतली. हल्लीच्या ट्रॅक्टरला जोडलेल्या नांगरांनी जमीन खोलवर खणली जाते. मातीची ढेकळे फोडली जातात आणि माती वर-खालीही केली जाते. शेतीच्या अवजारात अजून एका शोधाने फार मोलाची भर घातली. तो म्हणजे पीक कापणी यंत्र! पुरातन काळापासून विळ्याच्या साहाय्याने पीक कापले जाई. लिनी द एल्डर या रोमन लेखकाने पहिल्या शतकातच आपल्या 'नॅचरल हिस्ट्री' या ग्रंथात पीक कापण्यासाठी कशा प्रकारचे साधन वापरावे, याचे सविस्तर वर्णन केलेले होते.

धान्य-कापणी यंत्राची गरज शेतकऱ्यांना खूपच वाटत होती. कारण शेतात आलेल्या धान्याची कापणी करून ते गोळा करायला माणसे मिळत नसत. वेळेवर धान्य गोळा न केल्याने ते तसेच शेतात राही व कालांतराने कुजून जात असे. या प्रकारामुळे शेतकरी मोठ्या प्रमाणात जास्त एकर जमिनीवर धान्याची लागवड करीत नसत. गंमतीची गोष्ट म्हणजे या विचित्र अडचणीमुळे अमेरिकेला युरोपमधून गहू आयात करावा लागे. या अडचणीवर मात करण्यासाठी विविध प्रकारची धान्य कापण्यासाठी उपयोगी पडतील, अशी कापणी यंत्रे तयार करण्याचे प्रयत्न फ्रान्स, जर्मनी, अमेरिका अशा सर्व ठिकाणी चालू होते. जवळजवळ १८०० प्रकारची कापणी यंत्रे बनवली गेली, परंतु बहुतांश यंत्रात बरेच दोष होते. त्यामुळे शेतकरी ती यंत्रे वापरू शकत नव्हते.

अखेर मॅकॉर्मिक या शेतकऱ्याला सुधारित पीक कापणी यंत्र तयार करण्यात यश आले. तो लहानपणापासून आपल्या वडिलांबरोबर शेतात काम करीत होता.

त्याने साध्या विळ्यापासून सुधारित विळाही पीक कापायला वापरलेला होता; परंतु धान्य देठापासून गळून न पडता त्याची भराभर कापणी करता यायला हवी, असा त्याच्या मनात सतत विचार येई. अशा प्रकारचे घोड्यांनी ओढावयाच्या कापणी यंत्राचे स्वप्न मॅकॉर्मिक रंगवीत होता आणि या स्वप्नाचा ध्यास घेऊन मॅकॉर्मिकने १८३१ मध्ये पहिले कापणी यंत्र बनविले. या कापणी यंत्रात अजून थोड्या सुधारणा करून मॅकॉर्मिकने १८५१ च्या लंडनच्या औद्योगिक प्रदर्शनात हे यंत्र मांडले. लोक कुतूहलाने हे यंत्र पाहत होते. 'टाइम्स' या वृत्तपत्राने 'ऑस्टले-रथ, दुचाकी गाडी आणि विमान यांचे मिश्रण असलेले विचित्र यंत्र' असे या यंत्राचे वर्णन केले.

या यंत्राचे लंडन शहराबाहेरील एका शेतात प्रात्यक्षिक दाखविण्यात आले. २२० फूट लांबीच्या पट्ट्यातील भरघोस ओंब्यातील गहू मॅकॉर्मिकच्या यंत्राने ७० मिनिटांत कापला. कापणी यंत्राला घोड्याची एक जोडी लावली होती. हे प्रात्यक्षिक पाहायला दोनशे शेतकरी जमले होते. शेतकऱ्यांमध्ये या यंत्राबद्दल खूप उत्सुकता होती. प्रात्यक्षिकानंतर शेतकऱ्यांना फार आश्चर्य आणि नवलाई वाटत होती. त्यांनी टाळ्या वाजवून या यंत्राचे स्वागत केले.

शेतकऱ्यांना शेतकामासाठी एक उत्तम मदतनीस मिळाला. या कापणीयंत्रामुळे अमेरिकन शेतकऱ्यांनी पीकलागवडीचे क्षेत्र वाढविले. पूर्वीपेक्षा त्यांचे गव्हाचे उत्पादन दुप्पट झाले. ते गहू, मैदा इतर देशांना निर्यात करू लागले.

अमेरिकेतील शेतीच्या प्रगतीची माहिती इतर देशांना मिळाली. त्यांना कापणी यंत्राचे महत्त्व पटले आणि मॅकॉर्मिककडे या यंत्राची मागणी येऊ लागली. त्याची यंत्रे गलबतांमध्ये भरून इंग्लंड, फ्रान्स, जर्मनी, रशिया या देशांत रवाना होऊ लागली.

यंत्राच्या साह्याने शेती करण्याचे फायदे लक्षात येऊ लागल्यावर पीकबांधणी यंत्र, मळणी यंत्र तयार करण्याची खटपट कुशल तंत्रज्ञ करू लागले. शेतात बी पेरण्यासाठी सीडड्रिल हे यंत्र वापरण्यात येऊ लागले. या यंत्रातून सरळ एका रेषेतून बी जमिनीत पडू लागले. शिवाय बिया टाकल्या, की लगेचच त्यावर माती

पसरविण्याची यंत्रात सोय होती.

२० व्या शतकाच्या सुरुवातीला पेट्रोलवर चालणारा पहिला सुधारित ट्रॅक्टर तयार झाला. प्रचंड चाकं आणि दणकट अंतर्गत रचना यामुळे शेतीसाठी ट्रॅक्टर फार उपयोगी पडू लागले. ट्रॅक्टरला नांगर जोडून जमीन नांगरणे सोपे जाऊ लागले.

१९४० च्या सुमारास बहुउद्देशीय कापणी यंत्र तयार करण्यात आले. या यंत्रामुळे धान्याची कणसे कापली जाऊ लागली. शिवाय कणसातले दाणे अलग करण्यासाठी मळणी यंत्र (श्रेशर) बसविलेले असते. वरच्या बाजूच्या मोठ्या पाईपमध्ये दाणे गोळा होतात. या वेगवान आणि सुलभ यंत्रांनी धान्य वाया जाण्याचे प्रमाण कमी झाले. शिवाय शेतात राबणाऱ्या शेतकऱ्याला थोडी विश्रांती मिळू लागली.

भारतासारख्या कृषिप्रधान देशातही किर्लोस्कर उद्योगसमूहाने शंतनुराव किर्लोस्कर यांच्या नेतृत्वाखाली लोखंडी नांगर तयार केला. कडबा कापण्याची व शेंगा फोडण्याची यंत्रे, उसाचा चरक, ऑईल इंजिन्स, विद्युत मोटारी, पाणी उपसण्याचे पंप, हातपंप अशी शेतीक्षेत्रात मोठे बदल घडवून आणणारी उत्पादने तयार केली. म्हणूनच शेतीच्या यांत्रिक अवजारांचा शोध हा संपूर्ण मानवजातीला उपकारक आणि उपयोगी ठरला आहे.

❋

मौल्यवान रेशीम धागा

अडीच हजार वर्षांपूर्वीची ही गोष्ट आहे. चिनी सम्राज्ञी हसी-लिंग-शीने हिला झाडाच्या डहाळीला कापसाच्या बोंडासारखे काही तरी चिकटलेले दिसले. काय बरं असावे हे? या कुतूहलाने तिने ते ओढून घेतले. योगायोगाने तिच्या हातून ते उकळत्या पाण्यात पडले. आश्चर्याची गोष्ट म्हणजे त्यातून एक धागा बाहेर पडू लागला. हसी-लिंग-शीने तो धागा ओढला. तेव्हा धागा बराच लांबलचक असल्याचे तिच्या लक्षात आले. म्हणून तिने तो बोटावर गुंडाळून घेतला. उत्सुकतेने तिने पाण्यातली ती बोंडासारखी वस्तू निरखून पाहिली. तिला त्यात एक मेलेला कीटक मिळाला. तिने तो सम्राटाला दाखविला. सम्राटाने अजून काही झाडांवरून अशी बोंडं गोळा केली आणि त्यातूनच रेशमाचा मौल्यवान धागा माणसाच्या परिचयाचा झाला. मऊ, चकचकीत धागा देणाऱ्या कीटकाचा शोध घेण्यात आला आणि तुतीच्या झाडाची पाने खाणाऱ्या अळीपासून रेशीम धागा मिळतो, ही माहिती माणसाने मिळविली. कालांतराने या सुंदर धाग्यापासून कापड विणण्याची कला आत्मसात केली. सुरुवातीला फक्त चीन देशात रेशमाच्या धाग्याच्या निर्मितीचे तंत्र अवगत होते. हळूहळू कोरिया, जपान, भारत, ग्रीस, इटली असा जगभर त्याचा प्रसार झाला.

तुतीची झाडे वाढवायची, त्यांची पाने तोडायची, अळ्यांना खाऊ घालायची,

अळ्यांनी विणलेले कोश उकळायचे आणि रेशमाचा धागा मिळवायचा हे अनुभवाने केले जात होते. रेशीमनिर्मिती करणारे शेतकरी जास्तीतजास्त अळ्या कशा पाळता येतील हे पाहत, परंतु या कामाला कोणतीही शिस्त नव्हती. स्वच्छतेचे नियम पाळले जात नव्हते. अळ्या मरण्याचे प्रमाण खूप होते. रेशीम धाग्याचे महत्त्व ओळखून १६ व्या शतकात रेशीम निर्मिती करणाऱ्या ऑलिव्हर डी सेरेस या इटालियन माणसाने रेशीम उद्योगांसंबंधी एक पुस्तिका लिहिली होती. अर्थात, या पुस्तिकेत अनुभवावरून जमविलेली माहिती होती. १७ व्या शतकात विज्ञानयुग सुरू झाले. शास्त्रज्ञांनी किती तरी छोटी-मोठी उपकरणे तयार केली. प्रयोगशाळा, यंत्रशाळा बांधल्या. रेशीमनिर्मितीला याचा खूप उपयोग झाला.

१७५१ मध्ये स्वीडिश जीवशास्त्रज्ञ कार्ल लिनीपस याने तुती वनस्पती व चिनी रेशीम पतंगाला शास्त्रीय नाव दिले आणि या दोन्हीच्या अभ्यासाला व संशोधनाला प्रयोगशाळेत सुरुवात झाली. वनस्पतिशास्त्रज्ञ आणि फळबागतज्ज्ञ यांच्या संशोधनाने हंगामाच्या वेळी तुतीच्या पानांचे भरपूर उत्पादन घेण्यास मदत झाली. तुतीच्या झाडाच्या लागवडीचे तंत्र विकसित केले. दोन वेगळ्या जातींपासून संकरित वाण तयार करण्यात यश मिळाले. रेशीम कीटकाच्या अळ्या पाळण्यासाठी नवीन पद्धती शोधल्या. भौतिकशास्त्राच्या संशोधनातून तापमापकासारखी उपकरणे शास्त्रज्ञांनी तयार केली होती. त्याचा चांगला उपयोग रेशीमनिर्मिती उद्योगाला झाला. अळ्यांची जोपासना करताना त्या जागेचे तापमान, आर्द्रता मोजून, नियंत्रित ठेवता येऊ लागली.

अळ्या पाळताना वातावरणातील स्वच्छतेचे महत्त्व लक्षात घेतले जात नव्हते. त्यामुळे अळ्यांना रोग होत व मोठ्या संख्येने त्या मरण पावत. लुई पाश्चर या प्रसिद्ध फ्रेंच सूक्ष्मजीवशास्त्रज्ञाने सतत पाच वर्षे याविषयी संशोधन केले आणि अळ्यांना नोसेमा या सूक्ष्म जंतूंमुळे रोग होतो हे दाखवून दिले. तुतीच्या पानांवरील छिद्रांमध्ये ते राहतात आणि पानांवाटे अळीच्या शरीरात प्रवेश करतात. या रोगावरची उपचारपद्धतीही पाश्चर यांनी शोधून काढली. तसेच अंडी निर्जंतुक करण्याचे सोपे तंत्र प्रचारात आणले. लुई पाश्चर यांच्या या अमूल्य संशोधनाने रेशीम उद्योगाला जीवनदान मिळाले.

रेशमाच्या अंड्यांची जपणूक करण्यासाठी शीतपेट्या तयार करण्यात आल्या. पूर्वी अंडी फक्त नैसर्गिकरीत्या उबविली जात. त्यासाठी अंडी कागदी किंवा कापडी पिशवीत ठेवून या पिशव्या माणसाच्या शरीरालगत बांधून ठेवत. शरीराच्या उष्णतेने अंडी उबविली जात. अर्थात, यामध्ये सर्व अंडी एकावेळी उबली जात नव्हती व नुकसान जास्त होत होते. यावर मात करण्यासाठी १८५३ मध्ये मोरेली या इटालियन शास्त्रज्ञाने अंडी उबवणूक यंत्र तयार केले. या यंत्रात हळूहळू तापमान

वाढवत नेले जाई. तसेच विशिष्ट तापमान १०-१२ दिवस कायम ठेवण्यात येई. त्यामुळे एकाचवेळी सर्व अंड्यांतून अळ्या बाहेर पडू लागल्या आणि त्यांचे संगोपन करणे सोपे झाले. कोशातील धागा उलगडणे व तो रिळावर गुंडाळणे या दोन्ही गोष्टी हाताने केल्या जात. १७ व्या शतकापूर्वी या कामांसाठी एक छोटे प्राथमिक यंत्रही तयार केले होते. तरीसुद्धा चार-पाच कोशांच्या एकत्रित केलेल्या धाग्याला दोन्ही हातांच्या तळव्यांनी पीळ द्यावा लागे. नंतर तो रुळावर गुंडाळत. १८ व्या शतकात फ्रेंच शास्त्रज्ञांनी धागा गुंडाळण्याचे स्वयंचलित यंत्र तयार केले.

१८६५ मध्ये क्रामर या रसायनशास्त्रज्ञाने रेशीम धाग्यांचे अंतरंग उलगडून दाखविले. हा धागा फायब्रॉइन आणि सेरीसीन या दोन प्रथिनांनी बनलेला असतो. सेरीसीन हे डिंकासारखे असते. त्याच्यामुळेच कोशातील रेशीम घट्ट चिकटलेले राहते. कोश जास्त उकळले तर सेरीसीन जास्त विरघळले जाई व धागा तुटे, हा अनुभव होता. शास्त्रीय प्रयोगांनी सेरीसीन किती प्रमाणात विरघळवावे म्हणजे धागा तुटत नाही, हे ठरवून दिले.

पूर्वी कारागीर रेशमाचे कोश पाण्यात उकळत ठेवत. धागा काढण्यासाठी त्यांना सतत उकळत्या पाण्यात बोटे बुडवावी लागत. कोशांचे धागे एकत्रित उचलण्यासाठी १८८० मध्ये एडवर्ड वि सेरेल याने जेटबाऊट हे उपकरण तयार केले. जेटबाऊट या स्वयंचलित यंत्रामुळे एकाचवेळी अनेक धागे वेगवेगळ्या रिळांवर गुंडाळता येऊ लागले. रेशीम धागा काढणे, तो गुंडाळणे यासाठी तांत्रिक सुविधांनी फार मदत झाली. तशीच मदत जॅक्वॉर्ड या मागामुळे, रेशमाचे कापड विणण्यासाठी झाली. रेशमाचा जसजसा उपयोग वाढू लागला तसतशी त्याची गुणवत्ता वाढविणे आवश्यक ठरले. त्यासाठी कीटकांचा अनुवंशशास्त्राच्या दिशेने अभ्यास होत आहे. हिवाळ्यात अंडी सुप्तावस्थेत राहतात. त्यांच्या सुप्तावस्थेचे रहस्य वैज्ञानिकांनी शोधून काढले व ही सुप्तावस्था कमी करून अधिक रेशीम उत्पादन मिळविण्यासंदर्भात संशोधन केले आहे. तसेच अंड्यांच्या रंगावरून नर व मादी ओळखण्याचे तंत्र विकसित तयार करण्यात आले. रेशीम अळीला तुतीच्या पानांशिवाय ऊतीसंवर्धन-तंत्राने कृत्रिम खाद्यही तयार करण्यात आले आहे. जैव अभियांत्रिकीच्या साह्याने रेशमातील फायब्रॉइन या प्रथिनातील जनुक वेगळे करण्यात आले. त्यामुळे त्यांची रचना, कार्य यांची माहिती मिळाली. या संशोधनामुळे रेशीम धागा कसा बनतो, याविषयी सखोल माहिती झाली. जीवतंत्रज्ञानाच्या साह्याने रेशीम पतंगाचे नवीन वाण तयार करण्याचा प्रयत्न वैज्ञानिक करत आहेत. भविष्यात रेशीम पतंगाकडून अनेक प्रकारचे जैवरासायनिक पदार्थ तयार करून मिळतील. त्यांचा उपयोग हॉर्मोन्सची निर्मिती, रक्त गोठविणारे घटक तयार करणे इत्यादी अवघड कामांसाठी होईल.

✳

सूत कताईतील संशोधन

कापडाचे आणि कपड्यांचे विविध प्रकार हा सर्वांचाच आवडता विषय आहे. रसायनशास्त्रातील प्रगतीला तंत्रज्ञानाची जोड मिळाली आणि बळकट, कृत्रिम धागा तयार झाला. त्याआधी माणूस वनस्पती, प्राणी यांच्यापासून मिळणाऱ्या नैसर्गिक धाग्यापासूनच कापड तयार करून आणि वस्त्रांची मूलभूत गरज भागवत होता.

सर्वांत पुरातन कापडाच्या तुकड्याचा नमुना दक्षिण टर्कीमध्ये पाहायला मिळाला. ख्रिस्तपूर्व ८००० ते ७००० च्या काळातील ते कापड असावे. ६००० ख्रिस्तपूर्व काळात लोकरीपासून कापड तयार केले गेले. इजिप्शियन ममीजना तागाच्या कपड्यात गुंडाळले जाई. भारतात सुती कापडाचा वापर ख्रिस्तपूर्व २,५०० पासून झाला. चिनी लोकांनी रेशीम किड्यांपासून रेशीम पैदा करण्याची कला साध्य केली. तलम रेशीम धागा विणण्यासाठी विणकामाचे वेगळे माग तयार केले. प्राचीन ग्रीक लोक फक्त लोकरीचे कापड विणत. अलेक्झांडर द ग्रेटच्या सैन्याने भारतातून सुती कापडाचे तागे आपल्याबरोबर घेतल्याचे उल्लेख आढळतात.

इ. स. १२०० च्या सुमारास सूत कातण्यासाठी चरख्याचा उपयोग सुरू

झाला. युरोपातही रेशमाची बाजारपेठ विकसित झाली. इटलीच्या सिल्क उद्योगाला चांगली चालना मिळाली. कारण रेशमाच्या किड्याच्या कोशाचा रेशीम धागा उलगडण्यासाठी एक छोटे यंत्र तयार करण्यात आले. या यंत्रामुळे धागा व्यवस्थित निघून कामाचा वेग वाढला.

इ. स. १६०० ते १७०० च्या दरम्यान इंग्लंडमधील विणकर, लोकर आणि कापूस यांपासून कापड तयार करत. हे काम विणकर आपल्या घरात बसूनच करत. घरोघरी चालणारा हा व्यवसाय इंग्लंडमध्ये बराच वाढलेला आणि महत्त्वाचा झाला होता. देशोदेशी फिरणारे व्यापारी, लोकर किंवा कापूस हा कच्चा माल खेडुतांना आणून देत व घरबसल्या विणकर आणि त्यांचे कुटुंब मागावर कापड विणत. हे काम अतिशय संथ गतीने होई. काही महिन्यांनी ते व्यापारी येऊन कापड विकत घेऊन जात. पुन्हा कापूस व लोकर देऊन जात. अशा पद्धतीने हे काम चालत असे.

त्यानंतर विणकरांनी एकाच ठिकाणी एकत्र काम करण्याची पद्धत रूढ झाली. कारखान्यासारखे कापड विणण्याचे काम सुरू झाले. अर्थात विणकरांना विणण्याची चाती आणि माग हाताने फिरवावे लागत. त्यात त्यांची शारीरिक शक्ती फार खर्च होई. ही परिस्थिती बदलण्यात शेकडो वर्षे गेली. एका मोठ्या चाकाला एक दांडा असे. या दांड्यावर सूत गुंडाळण्यासाठी लाकडाची पोकळ कांडी (बॉबीन) ठेवलेली असे. जसजसा धागा तयार होई, तसतसा तो बॉबिनवर गुंडाळला जाई. ही सर्व कामे हाताने करण्यात खूप वेळ जाई. तसेच कामात सफाई नसे.

१८ व्या शतकातील औद्योगिक क्रांतीमध्ये कापड विणण्याच्या कलेत मोठे बदल झाले. १७३३ मध्ये फिरता धोटा शोधला गेला, त्यामुळे विणकर दुप्पट वेगाने काम करू लागले. जेम्स हॅरग्रिव्हज याने सूत कातण्याच्या चात्या एकदम फिरविणारे चाक तयार केले. त्याला 'स्पिनिंग जेनी' असे नाव दिले. अनेक चाकांचे दांडे एका रांगेत आणून, त्यावरून सुताचे धागे फिरविण्याचे तंत्र त्याने विकसित केले. त्याकाळी कापडाची मागणी जास्त होती. मूळ धागा तयार करण्यातच खूप वेळ जात होता. त्यामुळे कापडाची मागणी पुरविणे शक्य होत नव्हते. 'स्पिनिंग जेनी'मुळे ८, १६ असे अगदी शंभर धागे एकावेळी विणले जाऊ लागले.

त्यानंतर ५-६ वर्षांतच जलशक्तीवर चालणारे कापड विणण्याचे मशीन तयार केले. रिचर्ड आर्कराईट हा केस कापण्याचा व्यवसाय करी. त्याला सतत काहीतरी नवीन शोधण्याचा छंद होता. त्याने पांढरे केस रंगविण्यासाठी एक पद्धत शोधून काढली. केसांचे टोप तयार करण्याच्या कारागिरांना ही पद्धत शिकवून तो जास्तीचे पैसे मिळवत असे. या पैशाचा उपयोग तो छोटी-मोठी यंत्रे तयार करण्यासाठी करत असे. त्यातूनच त्याने जलशक्तीवर चालणारे सूत कातण्याचे मशीन तयार केले. त्याकाळी कापसातील सरकी हाताने काढावी लागे. त्यात खूप वेळ जाई. त्यावर

मात करण्याचे काम एली व्हिटन या अमेरिकन संशोधकाने केले. त्याने कापसातील सरकी काढून तो चांगला पिंजण्यासाठी एक यंत्र तयार केले. मशीनमुळे कापूस एकसारखा पिंजला जाऊ लागला. सूत गिरण्यांचे काम भरभर होऊ लागले. कामाला वेग आल्यामुळे लोकांची कापडाची मागणी जास्त प्रमाणात पूर्ण करणे शक्य होऊ लागले. जोसेफ जॅक्वॉर्ड हा विणकराचा मुलगा होता. तो लहानपणापासून वडिलांचे काम पाहत होता. त्याने विणकामाच्या सुयांच्या हालचाली नियंत्रित करून, आडवे धागे वर उचलण्याची यंत्रणा तयार केली. पाच माणसांचे काम हे मशीन करत होते. नवीन यंत्रामुळे कापड गिरण्यांचे काम खूप वाढले. परदेशात विणकामाच्या मागावर स्त्रिया सहजपणे काम करू लागल्या. वाफेच्या इंजिनावर किंवा जलचक्रावर हे माग चालविले जात होते.

सूत गिरण्यांचे काम कापसाच्या उत्पादनावर अवलंबून असे. कापसाची पैदास कमी झाली किंवा कापसावर रोग पडल्याने कापूस निकृष्ट दर्जाचा निपजला तर सूतगिरण्यांच्या कामावर प्रतिकूल परिणाम होई. सिल्क आणि लोकरीच्या बाबतही खूप अनिश्चितता असे.

१९६० पासून गिरण्यांमध्ये कृत्रिम धाग्यांच्या साह्याने दुहेरी विणीचे कापड विणले जाऊ लागले. गेल्या पन्नास वर्षांत तर या क्षेत्रात खूपच प्रगती झाली आहे. हातमागापासून यंत्रमागापर्यंतचा हा प्रवास माणसाची इच्छाशक्ती, बुद्धी आणि शोधक वृत्तीचे द्योतक मानावे लागेल.

❉

धाग्याचा प्रवास

प्राचीन मानव वृक्ष-वेली, पशु-पक्षी, डोंगर-दऱ्या, नद्या-तळी अशा नैसर्गिक वातावरणात राहत होता, वाढत होता. अवतीभवती वाढलेल्या झाडांच्या लहान-मोठ्या पानांचा तो खुबीने उपयोग करून घेत होता. खाण्यासाठी, औषध म्हणून, निवाऱ्यासाठी, वस्त्र म्हणून, अगदी स्वतःचे संरक्षण करण्यासाठीही झाडेझुडपे त्याला उपयोगी पडत होती. काही पानांचे तंतू निघू शकतात हा अनुभव त्याला इ. स. पू. ५००० वर्षांपूर्वी मिळाला आणि माणसाने तागाचा तंतू सर्वांत पहिल्यांदा वापरला. तर इ. स. पू. ३००० पासून भारतात कापसाचा उपयोग करण्यात आला. कापूस, अंबाडी, हेंप, ताग अशा विविध तंतूंपासून माणसाने सुरुवातीला जाडेभरडे कापड तयार केले. सर्व तंतूंमध्ये कापसाचे तंतू कापड तयार करण्यासाठी सर्वांत जास्त उपयोगी पडत होते.

सुती कापड जसजसे जुने होऊ लागते, तसतसा उन्हाचा त्यावर परिणाम होऊन ते पिवळट पडते व त्याची बळकटीही कमी होते. शिवाय सुती कपड्यांना सुरकुत्याही पडतात. कसरही लवकर लागते. हे सुती कपड्यांतील दोष होते, परंतु दोन महत्त्वाची कारणे म्हणजे जगभर लोकांची संख्या वाढू लागली होती. त्यामुळे कापसासाठी जमिनीचे क्षेत्र अडवून ठेवण्यापेक्षा ते अन्नधान्य पिकविण्यासाठी उपयोगात

आणणे गरजेचे होते. तसेच केवळ नैसर्गिक तंतूंवर अवलंबून राहून चालणार नाही, यासाठी काहीतरी वेगळे प्रयत्न करावे लागणार असे दूरदृष्टीच्या संशोधकांना जाणवू लागले.

रेशमाचा किडा त्याच्या तोंडाजवळील छिद्रातून एक द्रवपदार्थ बाहेर टाकतो व तो हवेच्या संपर्काने वाळला की रेशीम तंतू बनतो. या नैसर्गिक घटनेकडे रॉबर्ट हूक या वैज्ञानिकाने १६६५ मध्ये सर्वांचे लक्ष वेधले. त्याच्या अभ्यासावरून १८४२ मध्ये काच खूप तापवून तिच्या रसापासून काचतंतू बनविण्याचे उपकरण तयार केले. या उपकरणाच्या रचनेवर आधारित आधुनिक काळातील कृत्रिम तंतू काढण्यासाठी स्पिनरेटर तयार केले आहे. जे. डब्ल्यू. स्वान यांनी झाडामधील नैसर्गिक सेल्युलोजमध्ये रासायनिक पदार्थ मिसळून सेल्युलोजचा तंतू तयार केला. त्यापासून काही वस्तूही बनविण्यात आल्या. या प्रकारचे कापड तयार करायचे तर खूप मोठ्या प्रमाणात हा तंतू तयार केला पाहिजे असे लक्षात आले. थोड्याच वर्षांत म्हणजे १८९१ मध्ये रेयॉन या व्यापारी नावाने हा धागा बाजारात आला.

कापसाशिवाय इतर नैसर्गिक गोष्टींवर रासायनिक प्रक्रिया करून तंतू बनविण्यासाठी जगभर प्रयोग होत होते. मक्यातील तसेच भुईमुगातील प्रथिनांचा उपयोग करून तंतू बनविण्यात आले. एवढेच काय, १९३५ मध्ये इटलीत दुधातील केसीन या प्रथिनापासून तंतू तयार केला गेला.

दुसऱ्या महायुद्धाच्या वेळी नैसर्गिक रबराचा फार तुटवडा जाणवू लागला. त्यावर मात करण्यासाठी शास्त्रज्ञांनी प्रयोगशाळेत कृत्रिम रबर तयार करण्याचे प्रयत्न चालू केले होते. १९३१ मध्ये कृत्रिम रबर तयार करण्यात यश मिळाले आणि प्रयोगशाळेत बहुवारिके (पॉलिमर्स) तयार होऊ लागली. रसायनशास्त्रातील संशोधनाचा हा फार महत्त्वाचा टप्पा आहे. त्यातूनच 'पॉलिमर केमिस्ट्री' ही रसायनशास्त्राची नवी महत्त्वाची शाखा उदयाला आली. त्यापूर्वी १९२० मध्ये रबराच्या रेणूंची रचना हर्मन स्टाऊडिंजर या जर्मन वैज्ञानिकाने दाखवून दिली होती. या सर्व संशोधनाचा उपयोग करून अमेरिकेतील ड्यू पाँ या कंपनीने दगडी कोळसा, हवा आणि पाणी यांच्या मिश्रणातून एक अगदी बारीक परंतु मजबूत तंतू तयार केला. या कंपनीचा प्रमुख रसायनशास्त्रज्ञ वॉलिस कारदर्स याने अथक प्रयत्नांनी हा पूर्णपणे कृत्रिम असा धागा बनविला. त्याला 'नॉयलॉन' हे नाव दिले. नायलॉनच्या कृत्रिम धाग्याने कापड जगतात अगदी खळबळ माजवून दिली. झुळझुळीत, पटकन वाळणाऱ्या, इस्त्रीची गरज नसणाऱ्या नायलॉनच्या रंगीबेरंगी कपड्यांनी लहान थोर मंडळींना चांगलेच भुलविले. या धाग्यांनी अल्पावधीत जगभर प्रसिद्धी मिळविली. टूथब्रश, कापड, दोर, इंजिनाचे भाग, पॅराशूटस्, विद्युतविरोधक अशा कितीतरी गोष्टींसाठी नायलॉनचा उपयोग होऊ लागला.

कृत्रिम धागा तयार करण्याची रासायनिक प्रक्रिया समजल्यामुळे, विविध प्रकारची मिश्रणे वापरून वेगवेगळ्या प्रकारचे कृत्रिम धागे बनविणे शक्य होऊ लागले. १९५३ मध्ये टेरिलिनचा पॉलिस्टर तंतू प्रचारात आला. त्यापासून पडद्याचे कापड, स्टॉकिंग्ज, शर्टस्, दोरा इ. गोष्टी तयार होऊ लागल्या. हळूहळू टेरिवूल, टेरिकॉट, टेरिव्हिस्कोज, टेरिफ्लॅक्स असे कापडाचे विविध प्रकार बाजारात आले. बदलत्या सामाजिक परिस्थितीबरोबर माणसाच्या राहणीमानात मोठे बदल घडू लागले. अमेरिका, जपान, जर्मनी अशा अतिप्रगत राष्ट्रांमध्ये उच्चतम अशा संशोधनकार्यामुळे रोज नवनवीन शोध लागत आहेत. यातूनच आधुनिक आणि विशिष्ट कारणांसाठी अशी बहुगुणी उपकरणे आणि वस्तू तयार केल्या जात आहेत. कृत्रिम धाग्यांच्या बाबतीतही अशीच परिस्थिती दिसते. ॲक्रिलिक तंतू हे याचे उत्तम उदाहरण आहे.

ॲक्रिलिकच्या धाग्यावर उच्च तापमानाचा परिणाम होत नाही. त्यामुळे औद्योगिक कारखान्यात या कापडाचा फार चांगला उपयोग होतो आहे. खेळाडूंच्या कपड्यासाठी ॲक्रिलिक योग्य असल्याचे लक्षात आले आहे. अणुभट्ट्यांसाठी तर ॲक्रिलिक वरदान ठरले, कारण अणुकेंद्रातून निघणाऱ्या भेदक किरणांचा ॲक्रिलिकवर अगदी कमी परिणाम होतो. न्यूट्रॉनच्या माऱ्यापुढेही ॲक्रिलिक टिकते.

ॲक्रिलिकसारख्या कृत्रिम तंतूप्रमाणे पॉलिएथिलीन, पॉलिप्रोपिलिन, टेफ्लॉन, व्हिनिलॉन, काचतंतू, धातुतंतू असे विविध तंतू तयार करण्यात आले. प्रत्येक तंतूची स्वत:ची अशी वैशिष्ट्ये आहेत. पॉलिएथिलीनचा उपयोग गाडीतील गाद्यांच्या

खोळी, बॉयलर, सूट इ. साठी होऊ लागला. पॉलिप्रोपिलिनचा तंतू वजनाला सर्वांत हलका असल्यामुळे समुद्राशी संबंधित कामासाठी त्याचा उपयोग होतो. आगीपासून संरक्षण करण्यासाठी वापरावयाची ब्लँकेट आणि पोशाख काचतंतूपासून तयार करतात.

प्राचीन काळी, धातूपासून जर, कलाबतूसारखे तंतू काढले जात. आता आधुनिक काळात नवीन तंत्रज्ञानाने अशा तंतूंमध्ये खूप विविधता आणली गेली आहे. धातूच्या रूपेरी तंतूंना रंग देऊन सोनेरी, मोरपंखी, निळे, लाल असे विविध प्रकारचे जर, तंतू बनविता येतात.

केवळ वस्त्रप्रावरणासाठी एवढ्या संकुचित अर्थाने कापडाचे महत्त्व राहिलेले नाही, तर आजच्या बदलत्या नव्या जीवनशैलीसाठी आवश्यक ठरलेल्या विविध गोष्टींसाठी विशिष्ट गुणधर्मांचे कापड गरजेचे ठरत आहे. अर्थात या गरजा पूर्ण करण्याचे आव्हान माणूस लीलया पेलत आहे हे निश्चित !

✳

नावीन्याचा ध्यास

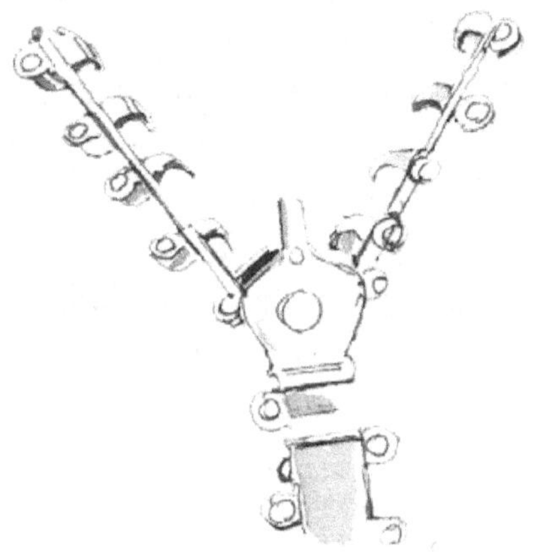

इतिहासपूर्व काळापासून अंगावरील कपडे व्यवस्थित बसविण्यासाठी कपड्यांना पिन लावायची गरज माणसाने ओळखली होती. अर्थात, या पिनचे स्वरूप आतासारखे नव्हते. त्याकाळी झाडांच्या सालीपासून बनविलेली वल्कले माणूस वापरत होता. त्यासाठी तो प्राण्यांच्या हाडांपासून बनविलेल्या टोकदार काड्या आतून-बाहेरून घालत असे. त्यानंतर जसजशी प्रगती होत गेली, तसतशा टोकदार काड्यांऐवजी धातूंच्या पिना तयार होऊ लागल्या. कापड तयार करण्याची कला माणसाने अवगत केली आणि वल्कलांऐवजी सुती कपडे माणूस वापरू लागला. कपड्याला छोटे भोक म्हणजेच काजे करून, त्यात धातूचा गोल बसवायचा, अशी छानशी कल्पना माणसाने लढविली आणि बटणांचा जन्म झाला. तेराव्या शतकापर्यंत बटणांचा वापर कपड्यांसाठी होत नव्हता. कपड्यांमध्ये विविधता येऊ लागली आणि बटणांचा वापर वाढला. शर्टच्या बाहीच्या मनगटाशी दर्शनी भागावर किंवा कोटावर मोठी धातूची चमकणारी बटणे, स्त्रियांसाठी खास बटणे असे विविध प्रकार बटणांमध्ये आले. १८ व्या शतकात व्यापार वाढला. नवीन उद्योगधंदे वाढले आणि हाडं, चामडे, फळांचे कठीण कवच, लाकूड, उत्तम मौल्यवान खडे यांपासून बटणे बनविली जाऊ लागली. त्यांचा वापरही खूप वाढला. तर ७०-८० वर्षांपूर्वी

प्लास्टिकचा उपयोग सुरू झाला आणि तऱ्हेतऱ्हेच्या रंगांची, आकाराची प्लॅस्टिकची बटणं बनविली जाऊ लागली.

कपड्यांसाठी, पायातल्या बुटांसाठी बटणे वापरली जात होती. सुरुवातीच्या काळात अनावश्यक, चैनीची गोष्ट म्हणजे बटणं वापरणं असा समज होता. कालांतराने ती एक रोजच्या आयुष्यातील गरज झाली. आजही शर्ट, कोट, स्वेटर, यासाठी बटणं वापरली जातात.

बटणांच्या पुढची पायरी म्हणजे झीपरचा शोध होय! झीपरच्या शोधाची गोष्टही माणसाच्या तल्लख बुद्धीची, विचार करण्याच्या क्षमतेची साक्ष पटविते.

एके दिवशी व्हिटकॉम्ब एल. ज्युडसन नावाचे अमेरिकन गृहस्थ आपल्या मित्राकडे गेले. दोघांना मिळून बाहेर जायचे होते, परंतु ज्युडसन यांच्या मित्राची पाठ दुखत होती. त्यामुळे त्यांना खाली वाकून दोन्ही हातांनी बुटांची बटणं लावणं काही जमेना. या छोट्याशा प्रसंगातून ज्युडसन यांच्या मनात मात्र वेगळीच कल्पना आली. एका हाताने ओढून बंद करण्यासारखे काही तरी पट्टीसारखे बुटांना लावले, तर, या कल्पनेने ज्युडसन यांना चांगलेच घेरले. ज्युडसन यांना नेहमी काही तरी यांत्रिक प्रयोग करायला आवडत. कुठलेही हाताने करायच्या कामाचे कष्ट कमी करण्यासाठी छोटी-मोठी यंत्रे बनविण्याची ते खटपट करीत आणि त्यात यशस्वीही होत. आताही तसेच झाले होते. या पूर्णपणे नवीन कल्पनेला आकार देण्यासाठी त्यांनी खूप विचार केला आणि दोन आठवड्यांनी एक छोटीशी पट्टी बनविली. यामध्ये एकमेकांत अडकतील अशा छोट्या खाचा तयार केल्या. ज्युडसनची कल्पना खूप अभिनव होती, परंतु ती प्रत्यक्षात आणणे अवघड होते. त्याने २९ ऑगस्ट १८९३ या दिवशी या हुकविरहित अडकविण्याच्या पट्टीचे पेटंट नोंदविले; परंतु त्याने तयार केलेली ही झीप व्यवस्थित, सहजपणे ओढली जात नव्हती. कारण दोन समांतर पट्ट्यांमधील एकमेकांत अडकणारे दाते मोठे होते. त्यामुळे ते एकमेकांत फार घट्ट अडकत आणि फटकन् उघडत. या दोषामुळे या झीपची फारशी उपयुक्तता कुणाला पटत नव्हती. त्यात २० वर्षे गेली. अखेर जी. झुण्डबॅक हा तरुण तंत्रज्ञ ज्युडसनच्या मदतीला धावून आला. त्याने ज्युडसनच्या झीपमधील दोष नाहीसे केले. दुर्दैवाने या उपयुक्त शोधाकडे कापड कारखानदारांनी दुर्लक्ष केले, परंतु अमेरिकन नाविक विभागाला या झीपची संकल्पना पटली. पहिल्या महायुद्धाच्या वेळी सैन्यदलाने नवीन प्रकारचे सूट शिवले होते. त्या सुटासाठी या झीप बसविण्यात आल्या. त्याकाळी ज्युडसनच्या कंपनीला १०,००० झीपची सैन्य दलाकडून मागणी आली. ज्युडसनचे कष्ट सार्थकी लागले. त्यानंतर एफ्. गुडरिच कंपनीने या सरकवून बंद करण्याच्या पट्ट्या आपल्या बुटांच्या उत्पादनात वापरल्या व त्या बुटांना 'झिपर' असे नाव दिले आणि ज्युडसनच्या पट्ट्या 'झिपर' या नावाने जगभर प्रसिद्ध झाल्या.

१९४८ च्या सुमारास बटण, झीप या मालिकेतील अजून एक नावीन्यपूर्ण प्रकार जार्जस दे मेस्ट्रल नावाचा इंजिनिअर बाजारात आणण्याची खटपट करीत होता. त्याच्या शोधाचे नाव होते वेल्क्रो बेल्ट!

एके दिवशी हा स्विस तंत्रज्ञ आपल्या कुत्र्याला घेऊन नेहमीप्रमाणे फेरफेटका मारायला गेला होता. घरी आल्यावर त्याला कुत्र्याच्या अंगावर आणि स्वत:च्या कपड्यावर झाडाची तुसं लागलेली आढळली. ती अगदी घट्ट लागली होती.

त्याला मजा वाटली. हे कपड्यांना चिकटलेले आहे तरी काय, याची त्याला उत्सुकता वाटली. त्याने सूक्ष्मदर्शकाखाली ती तुसं पाहिली आणि त्याला त्याचा नैसर्गिक हुकासारखा आकार विशेष वाटला. या आकारामुळेच ती कपड्याला चिकटतात हेही मेस्ट्रलच्या लक्षात आले. याचा व्यवहारात कसा उपयोग करता येईल, असा तो विचार करू लागला. त्यातूनच वेल्क्रो पट्टीचा जन्म झाला.

मेस्ट्रलचे हे संशोधन उपयुक्त होते; परंतु १९४८ च्या सुमारास नुकत्याच झिप्स बाजारात आल्या होत्या. लोकांनी त्या वापरायला सुरुवात केली होती. त्यामुळे कापड कारखानदारांनी या पट्ट्यांकडे विशेष लक्ष दिले नाही. मेस्ट्रलने निराश न होता फ्रान्समध्ये स्वत:ची एक फॅक्टरी सुरू केली. तेथे हाताने पट्ट्या करण्याचे काम सुरू केले. या पट्ट्यांना 'लॉकिंग टेप' असे नाव दिले. अर्थात या लॉकिंग टेपच्या आधारावरच पुढे वेल्क्रोचे उत्तम प्रतीचे पट्टे तयार होऊ लागले. १९५० मध्ये नायलॉनचे कापड बनविण्यात यश आले. त्यामुळे सुती कापडाऐवजी वेल्क्रो तयार करण्यासाठी नायलॉनचे कापड वापरले जाऊ लागले. पुढे या पट्ट्या यंत्राने तयार करण्यात यश मिळाले.

यामध्ये दोन नायलॉन कापडाच्या पट्ट्या असतात. एका पट्टीच्या पृष्ठभागावर अगदी लहान आकड्यासारखे हूक असतात. तर दुसऱ्या पट्टीवर लहान लूप असतात. या दोन्ही पट्ट्या एकमेकांवर दाबल्या की, त्या लुपमध्ये हूक अडकतात आणि गच्च बसतात.

अवकाशात वापरावयाच्या विशिष्ट प्रकारच्या कपड्यांसाठी या वेल्क्रो पट्टीचा फार चांगला उपयोग होऊ लागला. कालांतराने असे लक्षात आले की, या पट्ट्या सहजपणे इतर ठिकाणीही वापरण्याजोग्या आहेत. हॉस्पिटलमध्ये ऑपरेशन करताना डॉक्टर विशिष्ट प्रकारचे गाऊन घालतात. या गाऊन्सना वेल्क्रो पट्ट्या लावलेल्या

असतात. लहान मुलांच्या कपड्यांसाठी या पट्ट्या वापरल्या जातात. बंद किंवा लेस असलेले बूट काढायला-घालायला कटकटीचे आणि वेळखाऊ असते, परंतु वेल्क्रोच्या पट्ट्यांनी हे काम सहज आणि झटकन होते.

सध्या शेकडो प्रकारच्या वेल्क्रो पट्ट्या बनविल्या जातात. त्यांच्या उपयुक्ततेनुसार त्यातील हूक आणि लूपचे आकार, पट्ट्यांच्या कापडाचा प्रकार, यांमध्ये विविधता आली आहे. १९५७ पासून वेल्क्रो पट्ट्यांचा जगभर वापर सुरू झाला.

निसर्गसंपत्तीकडे डोळसपणे पाहून, त्यांचा आपल्या फायद्यासाठी कसा उपयोग करावा, याचा उत्तम वस्तुपाठ म्हणजे वेल्क्रो पट्ट्या, असेच म्हणावे लागेल.

❋

बहुपयोगी दुधाची कहाणी

लिखित किंवा नोंद केलेल्या इतिहासाच्या आधीपासूनच माणूस दुधाचा उपयोग करत आहे. गायीगुरांचे व मेंढ्यांचे कळप घेऊन भटकणारे आशियातील लोक हजारो वर्षांपासून मेंढीच्या दुधापासून चीज तयार करीत. आदमचा मुलगा आबेल हा मेंढ्या पाळत असे आणि मेंढ्यांच्या दुधाचा वापर करी, असा बायबलमध्ये उल्लेख आढळतो. आपल्या वैदिक वाङ्मयातही लोणी आणि तूप यांचे संदर्भ सापडतात. कृष्णाच्या लोणी चोरण्याच्या गोष्टी सर्वांना माहिती आहेत. प्राचीन रोमन व ग्रीक लोक लोण्याचा उपयोग त्वचेवरील जखमांसाठी आणि केसांना लावण्यासाठी करत. दूध आणि मध हे दोन्ही पदार्थ औषधी आहेत, असे उल्लेखही प्राचीन वाङ्मयात आढळतात. १७ व्या शतकात, आजारी माणसासाठी दह्यातील पाण्याचा उपयोग युरोपियन लोक करत. दुधाची पावडर तयार करण्याची पद्धत १८५० मध्ये शोधण्यात आली, परंतु तार्तर जमातीचे लोक, स्वारीवर असताना दुधाच्या पिठीचा अन्नासारखा वापर करत. हा काळ ख्रिस्तपूर्व १२०० एवढा प्राचीन होता. दूध फार काळ तसेच राहिले तर आंबट होते. नासते आणि निरुपयोगी होते. ही गोष्ट लक्षात आल्यावर दूध टिकवून कसे ठेवता येईल, यासंबंधी प्रयोग सुरू झाले. व्हिसकॉनसिन या देशात

गाई-म्हशींची संख्या खूप होती. त्यामुळे भरपूर दूध जमा होई. या दुधाचे करायचे काय, या प्रश्नाचे उत्तर शोधण्याचा प्रयत्न स्थानिक लोक करत होते. बहुतेक लोक दुधातील पाण्याचा अंश काढण्यासाठी ते वाळायला ठेवत. परंतु या पद्धतीत दूध खराब होऊन जाई. विल्यम हॉर्लिक या तरुणाने दुधात एखादा पदार्थ मिसळला तर ते नासणार नाही असे वाटून वेगवेगळे पदार्थ त्यात घालून पाहिले. शेवटी गहू आणि बार्लीचे सत्त्व मिसळले आणि त्याचा प्रयोग यशस्वी झाला. अशा पद्धतीने तयार करण्यात आलेल्या दुधाच्या भुकटीची चव लोकांना खूप आवडली. दुधाची पावडर करून, ती पाण्यात मिसळली, तर पुन्हा त्याचा दूध म्हणून उपयोग करता येतो, हे समजल्याने दूध पावडरचे महत्त्व खूप वाढले होते. म्हणूनच यांत्रिक पद्धतीने दुधाची पावडर तयार करण्याचे प्रयत्न तंत्रज्ञ करू लागले. पोलादाचे दोन रूळ अगदी जवळजवळ ठेवतात. विशिष्ट तापमानापर्यंत ते गरम राहतील अशी व्यवस्था करण्यात येते. दोन्ही रुळांच्या मध्यभागी दूध ओतले जाते. त्यावेळी त्या दुधाचा पातळ पापुद्रा रुळावर तयार होतो. रूळ फिरत असल्यामुळे दुधातील पाण्याची वाफ होऊन शिल्लक राहिलेल्या भागाचे पावडरमध्ये रूपांतर होते. रुळालगतच्या सुऱ्यांनी ही पावडर खरडली जाऊन खाली पडते. असेही एक तंत्र वापरले जाऊ लागले.

१०० वर्षांपूर्वी सैनिक, बोटीवरचे खलाशी यांना कित्येक दिवस दूध, लोणी असे पदार्थ खायला मिळत नसत. लोण्यात मीठ घालून ते टिकविण्याचे प्रयत्न केले जात; परंतु लोणी काही चांगले राहत नसे. एक फ्रेंच केमिस्ट एच. मेगे मोरिए याने प्राण्यांची चरबी, दूध आणि पाणी एकत्र करून एक घट्ट पदार्थ बनविला. हा पदार्थ त्याने काही महिने तसाच ठेवला, तरी त्याची चव बिघडली नाही किंवा त्याच्या बाह्य रूपात बदल झाले नाहीत. मेगे मोरिएने या पदार्थाला 'मार्गारिन' हे नाव दिले आणि नेपोलियनच्या सैनिकांना खायला दिला. त्यांना मार्गारिनची चव आवडली. मार्गारिनची मागणी खूप वाढली. दूध घेऊन मार्गारिन तयार करण्याचा व्यवसाय लोकांनी सुरू केला. आता मार्गारिनसाठी वनस्पतिजन्य तेले, लेसिथीन, विविध स्वादद्रव्ये. इ. वापरतात.

आशियाच्या नैर्ऋत्य भागात ख्रि.पू. ९००० च्या सुमारास काही प्राणी माणसाळविण्यात आले. त्यामध्ये गायींचा समावेश होता असे मानतात. त्या भागातूनच दुधाचा अन्न म्हणून वापर करण्याच्या पद्धतीचा प्रसार झाला. ख्रि.पू. ६०२० वर्षांपूर्वीच्या सुमेरियन संस्कृतीच्या काळातील लेण्यांवरून त्या काळातील प्राण्यांचे दूध काढण्याची रीत व त्यासाठी वापरण्यात येणाऱ्या भांड्यांची कल्पना येते. दुधाचा उपयोग जरी प्राचीन काळापासून होत असला, तरी दुधाचा व्यवसाय मात्र १९ व्या शतकात सुरू झाला. दूध थंड करून टिकविण्याचे तंत्र फ्रेंच

सूक्ष्मजीवशास्त्रज्ञ लुई पाश्चर यांनी १८६०
मध्ये शोधून काढले. ताज्या दुधात अनेक
प्रकारचे सूक्ष्मजीव असतात. दुधाचा हवेशी
संबंध आला की, या सूक्ष्म जीवांची
झपाट्याने वाढ होते, परिणामी दूध आंबते.
परंतु लुई पाश्चर यांच्या पाश्चरायझेशन
या प्रक्रियेत दूध विवक्षित तापमानाला
तापवून झटकन गार करतात. त्यामुळे
सूक्ष्म जीवांचा नाश होतो आणि दूध
जास्त वेळ टिकते. विशेष म्हणजे दुधाची
चव बदलत नाही. पाश्चरीकरण या

शोधाला फार महत्त्व आहे. कारण या प्रक्रियेत रोगकारक तसेच दुधामध्ये रासायनिक
बदल घडवून आणून दूध नासविण्यास कारणीभूत होणाऱ्या बहुसंख्य जंतूंचा नाश
होतो. या तंत्रज्ञानामुळे दुधाचा दर्जा कायम ठेवून दुधाची दूरवर वाहतूक करणे शक्य
झाले. दुधाची वाहतूक सोप्या पद्धतीने करण्याच्या दृष्टीने दूध बाटल्यांमध्ये भरून
घरोघरी पोहोचविले जाऊ लागले. दुधासारखे पौष्टिक पेय सर्वांना प्यायला मिळू
लागले, ही विशेष गोष्ट होती.

जॉन वॉरमर नावाच्या खेळण्याच्या कारखानदाराच्या हातून एकदा सकाळी
दुधाची बाटली फुटली, दूध सांडले आणि नुकसानही झाले. या प्रकाराने जॉन
वैतागला. दूध काचेच्या बाटल्यांमध्ये न देता कागदी पिशव्यात दिले तर नुकसान
टळेल, या विचाराने त्याने प्रयोग सुरू केले. दुधासारख्या नाशवंत पदार्थासाठी
चांगल्या प्रतीच्या पिशव्या तयार करण्यासाठी त्याने दहा वर्षे काम केले. अमेरिकन
लोकांना बाटलीतल्या दुधाची सवय होती. त्यामुळे ते हा बदल करून घेण्यास
फारसे राजी झाले नाहीत. हळूहळू लोकांना दुधाच्या पिशव्यांचे महत्त्व लक्षात आले.
१९५० नंतर तर प्लॅस्टिकच्या पिशव्यांमधून दुधाची विक्री सुरू झाली.

दुधाची शुद्धता मोजण्यासाठी लॅक्टोमीटर नावाचे एक उपकरण तयार करण्यात
आले. तसेच दूध आंबते म्हणजे त्यात कोणकोणते रासायनिक बदल घडून येतात,
याचाही अभ्यास शील नावाच्या स्वीडिश रसायनशास्त्रज्ञाने केला. १७८० मध्ये दूध
आंबताना सूक्ष्मजीवांमुळे दुधातील लॅक्टोजसाखरेचे लॅक्टिक आम्लात रूपांतर होते.
हे लॅक्टिक आम्ल शीलने सर्वप्रथम वेगळे केले. या आम्लाचे गुणधर्म तपासण्यात
आले आणि त्याचा उपयोग विविध उद्योगांमध्ये सुरू झाला.

दुधातील पोषकद्रव्ये टिकवून, त्यापासून टिकाऊ पदार्थ तयार करण्याचे प्रयत्न
प्रयोगशाळेत चालू होते. त्यातूनच चीज हा लोकप्रिय पदार्थ तयार झाला. परंतु लोणी

किंवा चीज यांच्या उत्पन्नात खरी वाढ झाली ती क्रीम सेपरेटर या यंत्रामुळे!

१८७७ मध्ये डॉ. गुस्ताव्ह डे लाव्हल या स्वीडिश रसायनशास्त्रज्ञाने दुधातील स्निग्ध पदार्थ बाजूला काढण्याचे एक मशीन तयार केले. त्यापूर्वी दूध तापवून मोठमोठ्या परातीत ओतून ठेवत आणि ते हळूहळू गार करत. दूध गार होताना त्याच्यावर सायीचा थर तयार होई. ती साय बाजूला काढून ठेवत. क्रीम सेपरेटर मशीनमध्ये दूध खूप वेगाने चक्राकार फिरविले जाते. या प्रक्रियेत दुधातील बहुतेक स्निग्धांश निघून जातो.

प्राचीन काळापासून लोक हाताने गाईचे, म्हशीचे दूध काढत होते. यांत्रिक पद्धतीने गाईच्या आचळातून दूध काढण्याचा पहिला यशस्वी प्रयोग १८८९ मध्ये झाला. अनेक गाईंचे दूध एकावेळी काढण्याची योजना त्यात केली होती. त्यात काही बदल करून, गाईंना त्रास न होता दूध काढणे शक्य व्हावे यासाठी अलेक्झांडर शिल्ड्स या स्कॉटिश शेतकऱ्याने विशेष प्रयत्न केले. दुग्धव्यवसायात स्वयंचलित यंत्रे, दूध थंडगार ठेवण्यासाठी मोठमोठी प्रशीतन (रेफ्रिजरेशन) यंत्रणा, अशी विविध साधने वापरण्यात येऊ लागली. त्यामुळे दूध वाया जाण्याचे, नासण्याचे प्रमाण खूप कमी झाले. हल्ली तर दुधापासून चक्का, बासुंदी, खवा, मिठाई हे पदार्थ तयार करण्यासाठीही यंत्रांचीच मदत घेतली जाते. स्वच्छ, शुद्ध वातावरणात हे पदार्थ तयार होतात. यंत्रामुळे अक्षरशः टनावारी हा माल तयार करून त्याचे योग्य वितरण होत आहे. त्यामुळेच सणसमारंभांना दुधापासून बनविलेले मिठ्ठास पदार्थ चाखण्याची मजा सध्या आपण सहजतेने अनुभवतो.

❋

सदाबहार लज्जतदार आईस्क्रीम

'केक, बिस्किटांबरोबर आईस्क्रीमही मिळणार' अशी लक्षवेधक जाहिरात १७७४ च्या ऑगस्ट महिन्यात न्यूयॉर्कमधील एका वर्तमानपत्रात प्रसिद्ध झाली. खाद्यपदार्थ तयार करणाऱ्या 'फिलिप लेन्झी'ने ही जाहिरात दिली होती. लेन्झी केक, बिस्किटे तयार करण्यात पटाईत होता. त्यांचा खपही चांगला होत होता. म्हणून लेन्झीने बेकरी उत्पादनाच्या जोडीला आईस्क्रीम ठेवले. आईस्क्रीमसारखा पदार्थ मिळतोय म्हणल्यावर लेन्झीच्या दुकानात मुलांबरोबर मोठ्यांनीही रांगा लावल्या. थंडगार आईस्क्रीम खाण्याची अशी हौस फार पूर्वीपासून आहे.

बर्फाच्या साहाय्याने दूध घट्ट करण्याची कला सर्वप्रथम चिनी लोकांना जमली. रोमन लोक जवळच्या हिमशिखरांवरून राजवाड्यांमध्ये बर्फ आणत. मध, फळांचे रस व बर्फ एकत्र करून थंडगार रस पीत. परंतु खऱ्या आईस्क्रीमची चव चाखायला मिळाली ती मार्को पोलोमुळे ! इटालियन साहसवीर मार्को पोलोने युरोपमध्ये येताना बर्फाच्या साहाय्याने दूध घट्ट करण्याची पद्धत चिनी लोकांकडून शिकून घेतली. युरोपियन लोकांना हे आईस्क्रीम आवडले. अर्थात, आईस्क्रीम ही फक्त श्रीमंतांची चैन होती. सर्वसामान्य लोकांना आईस्क्रीम कसे तयार करायचे, याची पद्धत माहिती नव्हती. तेही आईस्क्रीमची कृती जाणून घ्यायला उत्सुक होते. खाद्यपदार्थ तयार

करण्यात कुशल असलेले लोक आईस्क्रीमची कृती एकमेकांना सांगत नव्हते, जणू काही त्यांच्यात उत्तम आईस्क्रीम तयार करण्याची स्पर्धा लागली होती.

बर्फाने दूध थंड होत होते, परंतु ते अधिक थंड व घट्ट करण्याची गरज होती. बर्फात मीठ मिसळून, दुधाच्या भांड्याभोवती ठेवले, तर नुसत्या बर्फापिक्षा दुधाला जास्त गारवा मिळतो, हे अनुभवाने लक्षात आले होते. कुंडीच्या आकाराच्या लाकडी पॉटमध्ये आईस्क्रीम तयार करण्याचे कौशल्य लोकांनी आत्मसात केले. हाताने दांडा फिरवून आतल्या ॲल्युमिनियमच्या उभट डब्यातील दूध घुसळून हे आईस्क्रीम तयार केले जायचे. कालांतराने विद्युत मोटारीच्या साह्याने हे काम सोपे आणि जलद होऊ लागले, परंतु वाढत्या मागणीप्रमाणे पुरवठा करण्याचे गणित, पॉट आईस्क्रीममध्ये जमत नव्हते. शिवाय दुधात सूक्ष्मजंतूंची लवकर वाढ होत असल्याने आईस्क्रीम जास्त प्रमाणात करता येत नव्हते.

फ्रेंच शास्त्रज्ञ लुई पाश्चर यांनी १८६० मध्ये दुधाचे पाश्चरीकरण करण्याचे तंत्र शोधून काढले. पाश्चरीकरणामुळे दुधातील हानिकारक सूक्ष्म जंतूंचा नाश होतो व दूध जास्त काळ टिकते. या तंत्राचे महत्त्व पटल्यामुळे त्यासाठी लागणारी यंत्रे हळूहळू तयार होऊ लागली. पाश्चरीकरणाचा आईस्क्रीम व्यवसायाला खूप फायदा झाला. जास्त प्रमाणात आईस्क्रीम तयार करून ठेवणे शक्य होऊ लागले. दुधाचा व्यवसाय करणाऱ्या अमेरिकन जॅकॉब फ्युसेलने घाऊक प्रमाणात आईस्क्रीम तयार करण्याचा यशस्वी प्रयत्न केला. वॉशिंग्टन, न्यूयॉर्क या ठिकाणी त्यासाठी यंत्रणा उभी केली. आईस्क्रीम बनविण्यासाठी दूध, साय, सिरप, साखर आणि जिलेटीनसारखे स्टॅबिलायझर हे पदार्थ मिसळले जात, परंतु हे मिश्रण एकजीव होत नव्हते. त्यामुळे दुधातील स्निग्ध पदार्थ आईस्क्रीमवर तरंगत. तसेच आईस्क्रीम मऊ होत नव्हते. हे दोष कमी करण्यासाठी होमोजिनायझर नावाचे यंत्र तयार करण्यात आले. होमोजिनायझर यंत्रात तापमान आणि दाब या दोन्ही गोष्टी योग्य प्रमाणात ठेवल्या. दुधावर ठराविक दाब दिल्यामुळे स्निग्ध कण फुटून बारीक झाले व हे मिश्रण वेगाने फिरवल्यामुळे एकजीव होण्यास मदत झाली.

त्याकाळी तयार होणाऱ्या आईस्क्रीममध्ये दुधातील पाण्याचा बर्फ होई आणि त्याचे बारीक खडे आईस्क्रीम खाताना दाताखाली येत. आईस्क्रीमची चवही थोडी

पांचट लागे. याचे मुख्य कारण म्हणजे दूध गोठण्याची प्रक्रिया नीट होत नव्हती. दूध गोठण्याची क्रिया बराच वेळ चालायची. त्यामुळे त्यात मोठ्या आकाराचे बर्फाचे खडे तयार होत. दूध वेगाने गोठण्याची आवश्यकता होती. यामध्ये १९०३ साली सुधारणा झाली. एकजीव झालेले आईस्क्रीमचे मिश्रण गोठण्यासाठी यांत्रिक फ्रीजर तयार करण्यात आला. त्याला 'बॅच फ्रीजर' असे नाव देण्यात आले. ठराविक लिटर दूध या फ्रीजरमध्ये थोड्या थोड्या वेळाने पाठविण्यात येई. काही वेळा वेगळ्या चवीचे आईस्क्रीम तयार करण्यासाठी त्यात संत्री, द्राक्षे यांचे तुकडेही घातले जाऊ लागले, परंतु मिश्रण गोठण्याच्या आधी ही आंबट फळे दुधात घातल्याने दूध विरजल्यासारखे होऊन आईस्क्रीमही खराब होऊ लागले. त्यासाठी पुन्हा पुन्हा प्रयोग करून दुधाचे मिश्रण गोठायला सुरुवात झाल्यावर त्यात फळांचे तुकडे घालून पाहिले व हा प्रयोग यशस्वी होऊन लोकांना सुंदर चवीचे 'फ्रूट आईस्क्रीम' खायला मिळू लागले.

हेन्री व्होर्ट या आईस्क्रीम व्यावसायिकाने वेगळ्या प्रकारचा फ्रीजर तयार केला. १९३० पासून या फ्रीजरचा उपयोग खूप वाढला. यामध्ये एका बाजूने सतत दुधाचे मिश्रण आणि हवा पाठविली जाते. मिश्रण गोठण भागातून जाताना चांगले घुसळले जाते आणि अर्धवट गोठते. हे अर्धवट गोठलेले आईस्क्रीम मोठ्या डब्यांमध्ये घालून शीतगृहात ठेवण्यात येते. या ठिकाणी त्याची गोठण्याची प्रक्रिया पूर्ण होते. या नव्या पद्धतीत आईस्क्रीम वेगवेगळ्या आकाराच्या छोट्या-छोट्या भांड्यांमध्ये भरता येऊ लागले. तसेच त्यात विविध प्रकारची फळे, सुकामेव्याचे तुकडे घालणे शक्य झाले. दोन स्वादांची आईस्क्रीम्स एकत्र करता येऊ लागली. छोट्या कागदी कपातील मऊ मुलायम आईस्क्रीम खाण्याची मजा लोक लुटू लागले.

पूर्वी आईस्क्रीम साठविण्यासाठी स्टीलचे डबे वापरत. रिकामे झालेले डबे स्वच्छ करून पुन्हा उपयोगात आणले जात. जर डबे नीट स्वच्छ झाले नाहीत, तर त्यातील आईस्क्रीम खराब होई. दुसऱ्या महायुद्धानंतर कार्डबोर्डच्या खोक्यांत आईस्क्रीम साठविले जाऊ लागले. १९४८ नंतर मोठमोठ्या शहरांना जोडणारे महामार्ग तयार झाले. दळणवळणाच्या साधनांत वाढ झाली. शीतगृहांमध्ये खूप सुधारणा झाल्या. मोठ्या गाड्या, ट्रक, यांमध्ये शीतगृहे बसविण्यात आली. त्यातून आईस्क्रीम एका ठिकाणाहून दुसऱ्या ठिकाणी चांगल्या स्थितीत पोहोचविणे शक्य होऊ लागले. घन कार्बन डायऑक्साइड म्हणजेच ड्राय आइस किंवा शुष्क बर्फाने आईस्क्रीम उद्योगाला फार मदत झाली. नेहमीचा बर्फ वितळला की, त्याचे पाणी होते, परंतु शुष्क बर्फाचे मात्र कार्बन डायऑक्साइडमध्ये रूपांतर होते. हा बर्फ व मीठ यांच्या मिश्रणाने तापमान खूपच कमी म्हणजे -७० अंश ते -८० अंश सें. करता येते. या बर्फाचे तुकडे करून त्यावर कागद गुंडाळतात आणि आईस्क्रीमच्या खोक्यांभोवती ठेवतात.

चांगल्या दर्जाचे आईस्क्रीम तयार करण्यासाठी विविध यंत्रांची निर्मिती झाली. त्याचबरोबर आईस्क्रीम कप, कोन, कॅन्डी रूपात खाण्यासाठी देण्यात येऊ लागले. त्याचे उदाहरण म्हणजे १९२१ मध्ये तयार झालेले 'एस्किमो पाय.' सी. नेल्स नावाच्या दुकानदाराने एका काडीच्या टोकावर आईस्क्रीमचा गोळा लावून त्यावर चॉकलेटचा पातळ थर दिला. हे वेगळे नावीन्यपूर्ण कांडी आईस्क्रीम किंवा आइसफ्रूट आजही आवडीने खाल्ले जाते. १९०४ मध्ये केकचा पातळ स्लाइस वळवून त्रिकोणी कोन तयार केला आणि त्यांत आईस्क्रीम भरून दिले. आजही कोपऱ्याकोपऱ्यावर थाटलेल्या आईस्क्रीम पार्लर्समध्ये घट्ट आईस्क्रीमचे वळणदार जाडजूड शंखाकृती वेटोळे कोनमध्ये अलगद विराजमान होतात. एका दुकानदाराला १०० वर्षांपूर्वी सुचलेली कोन आईस्क्रीमची कल्पना आजही प्रचंड लोकप्रिय आहे. यातच सर्वांना आवडणाऱ्या लज्जतदार, गारेगार आईस्क्रीमचे रहस्य दडले आहे, नाही का?

❊

बहुरूपी, बहुगुणी 'कागद'

आपल्याला पटकन काहीतरी लिहायचं असतं आणि अशा वेळी मोठा नाही तर अगदी कागदाचा तुकडा मिळाला, तरी किती हायसं वाटतं. हा आपल्या सर्वांचा अनुभव आहे. माणसाच्या जीवनात कागदाचा वापर दहा हजार प्रकारांनी होतो. त्यामुळेच कागदाशिवाय जगायचं कसं, असाच आपल्याला प्रश्न पडेल. प्राचीन माणसाला शेतीच्या, व्यापाराच्या आणि महत्त्वाच्या घटना लिखित रूपात जतन करण्याची गरज भासू लागली. लिहिण्यासाठी काहीतरी साधन शोधण्यास म्हणून त्याने सुरुवात केली. सुरुवातीला दगडावर, ओलसर विटांवर हाडांच्या लेखणीने लिहिले जाई. नंतर तांबे, ब्राँझ, शिसे या धातुंच्या पत्र्यांवर मजकूर कोरून ठेवला जाई. ख्रि.पू. ३०० च्या सुमारास सपाट लाकडाच्या तुकड्यावर मेणाचा हलकासा थर देऊन त्यावर टोकदार धातुच्या लेखणीने लिखाण केले जाई. अर्थात अशा पद्धतीने लिखाण करणे अवघड तर होतेच शिवाय ते कटकटीचे असे.

प्राचीन इजिप्शियन लोकांनी 'पपायरस' या वनस्पतीचा लिखाणासाठी उपयोग करण्यास सुरुवात केली. पपायरसचे खोड, तंतू एकमेकांत मिसळून त्याचा एकजीव लगदा तयार केला. त्यापासून पातळ, तलम कागद बनविला. ९ व्या शतकापर्यंत

ग्रीक व रोमन लोकांनी पपायरसवर लिखाण केले. परंतु पपायरसचा तुटवडा जाणवू लागल्यावर माणसाने प्राण्यांच्या कातडीचा उपयोग सुरू केला. मृत प्राण्यांची कातडी स्वच्छ करून, चांगली वाळवून लिहिण्याजोगी करून घेत. त्याला 'पार्चमेंट' किंवा 'चर्मपत्र' असे म्हणत. पार्चमेंटचे मोठे ताव दुकानात विकायला ठेवलेले असत. दुकानदार गिऱ्हाईकाला ते कापून देत. चर्मपत्राची घडी घालता येई, तसेच त्याची गुंडाळीही करता येई. असे म्हणतात की, परगॉममच्या राजाला लिहिण्यासाठी पपायरस मिळाले नाही तेव्हा त्याने दुसरे काही शोधण्याची जनतेला आज्ञा केली आणि त्या प्रयत्नातून पार्चमेंट पेपर तयार झाला. भारतामध्ये ताड वृक्षाची पाने आणि भूर्ज वृक्षाची साल यांचा कागदासारखा उपयोग करत. अशा तऱ्हेने लिखाणासाठी विविध पदार्थांचा माणसाने उपयोग केला. त्साई लुन या चिनी माणसाने मासे पकडण्याची फाटकी जाळी व चिंध्या यांचा लगदा केला. तो चांगला कुटला. कुटल्याने तो मऊ व एकजीव झाला. पण त्याच्यात चिकटपणा नव्हता. त्साई लुनने त्यात काही पदार्थ घालून पाहिले. सरतेशेवटी त्याने चक्क कोळ्याचे जाळे त्यात घातले आणि पुन्हा कुटले. आश्चर्याची गोष्ट म्हणजे लगदा चक्क चिकट झाला. त्साई लुनने त्याचे लहान गोळे करून ते लाटले आणि पापडासारखे वाळविण्यासाठी ठेवून दिले. थोड्या दिवसांत हे तुकडे वाळले. त्साई लुनने लेखणी शाईत बुडवून त्यावर लिहून पाहिले. त्साई लुनला छान लिहायला जमले. या नव्या कागदावर शाई पसरत नव्हती. शिवाय लिहायला खूप कष्टही पडत नव्हते. इ. स. १०५ मध्ये त्साई लुनने कागदाचा शोध लावला, परंतु कागद बनविण्याची कला चिनी लोकांनी पुढे ७०० वर्षे कोणालाही कळू दिली नाही. त्यानंतर मात्र काही चिनी कैद्यांमार्फत ही कला युरोपमध्ये गेली. लिखाण करण्यासाठी कागद अतिशय सोईस्कर आणि स्वस्त पडतो असे लोकांच्या लक्षात आले. त्यामुळे कागदाचा जगभर प्रसार झाला. ज्या ज्या ठिकाणी पाण्याचा भरपूर साठा होता, त्या त्या ठिकाणी कागद तयार करण्याच्या गिरण्या सुरू झाल्या.

इ.स.पू. ३२५ ते १७ व्या शतकापर्यंत कागद हाताने तयार केला जात होता. कागद तयार करणे ही एक कला मानली जात होती. ते काम खूप कष्टाचे आणि गुंतागुंतीचे होते. त्यामुळे मागणी जास्त असूनही कागदाचा वापर मर्यादित प्रमाणात होत होता. तसेच चिंध्या, वनस्पतींचे धागे किंवा सेल्यूलोज यांचा लगदा तयार करताना, हा कच्चा माल बराच वाया जाई. कारण तो खूप एकजीव होत नव्हता. कागद तयार करण्यासाठी यंत्रांची गरज होती. संशोधक त्यासाठी प्रयत्न करत होते. सर्वप्रथम कच्चा माल कुटण्यासाठी खल यंत्र तयार केले. त्यामुळे कागदाच्या लगद्याचा एकसंध गोळा होऊ लागला. रॉबेअर या कारागिराने चक्राकार गतीवर चालणारे यंत्र बनविले. या यंत्रामुळे सलग कागद तयार करणे शक्य झाले. त्यापूर्वी

कागदाचे चौकोनी तुकडे तयार केले जात होते. या यंत्रात अधिक सुधारणा करून फूर्डिनिअर या दोन भावांनी मिळून एका यंत्राची निर्मिती केली. या यंत्राने कागद मध्येच न फाटता कागदाचे मोठे ताव मिळू लागले. १८३९ मध्ये एस्पार्टो गवताचा अभ्यास करण्यात आला. या गवताच्या पानांपासून चांगले धागे मिळतात. हे धागे वापरून छपाईचा व लिहावयाचा कागद तयार होऊ लागला.

कागदातील ओलावा कमी करत असताना तो कागद खरखरीत व कमी अधिक जाडीचा होत होता. हे दोन्ही दोष घालविण्यासाठी मोठ्या यांत्रिक लाटण्यांनी कागद नीट दाबून घेतला जाऊ लागला. पोलादी लाटण्यांनी कागदाची जाडी एकसारखी होऊ लागली. तसेच तो दोन्ही बाजूंनी गुळगुळीत बनू लागला. कागदाची एकच बाजू गुळगुळीत करण्यासाठी एक विशेष यांत्रिक पद्धत विकसित करण्यात आली.

औद्योगिक क्रांती होताना अनेक नवीन शोध लागत होते. कागदाचा उपयोग केवळ लेखन आणि मुद्रण एवढा मर्यादित राहिला नव्हता. वेगवेगळ्या प्रकारचे, गुणधर्मांचे कागद तयार करण्याची आवश्यकता भासू लागली होती. कापूस, पाण्यात वाढणाऱ्या वनस्पती, वेगवेगळी रसायने, चिंध्या असे कितीतरी पदार्थ वापरून तऱ्हेतऱ्हेचे कागद तयार करण्याचे प्रयत्न सुरू होते.

सकाळी वर्तमानपत्र वाचण्यापासून, दिवसभर आपला वेगवेगळ्या कामांसाठी कागदाशी संबंध येत राहतो. कागदावर लिहिल्याशिवाय चैन पडत नाही आणि पुस्तक वाचल्याशिवाय समाधान मिळत नाही. संगणक युगातही याचा पडताळा आला आहे. यातच कागदाच्या शोधाचे माहात्म्य दडले आहे.

❋

मुद्रण तंत्रज्ञानाची भरारी

तीस हजार वर्षांपूर्वींचा माणूस, मनातले विचार, इच्छा वेगवेगळे आकार काढून व्यक्त करत होता. हीच त्याची चित्रं काढावयाची सुरुवात होती. आपल्या मनोभावना अधिकाधिक स्पष्टपणे व्यक्त करण्याची स्वाभाविक इच्छा माणसाला चैन पडू देत नव्हती. सतत चित्र काढत राहणेही त्याला बऱ्याच वेळा कटकटीचे आणि जिकिरीचे होऊन जात होते. चित्रलिपीपेक्षा सोपे काहीतरी शोधण्याच्या खटपटीतून लेखनकलेचा जन्म झाला असावा. अक्षर लिपीच्या शोधाने माणसाच्या जीवन पद्धतीत खूप स्थित्यंतर झाले. माणूस लिपीच्या माध्यमातून आपले विचार व्यक्त करू लागला. कालांतराने त्याची पुस्तके तयार होऊ लागली. अर्थात हाताने पुस्तकाची प्रत करण्याचा उद्योग खूपच वेळखाऊ होता. अगदी थोड्या लोकांना ही पुस्तके पाहायला, वाचायला मिळत. या परिस्थितीत बदल होणे फार गरजेचे होते.

इ. स. नंतरच्या दुसऱ्या शतकाच्या शेवटी चिनी लोकांनी अक्षरे मुद्रित करण्याची पद्धत शोधून काढली. कागद, शाई व मुद्रणप्रतिमा या मुद्रणासाठी लागणाऱ्या तीनही गोष्टी चिनी लोकांना त्या दरम्यान माहिती होत्या. त्यांचा उपयोग करून चीनमध्ये 'हीरक सूत्र' या नावाचे पहिले पुस्तक मुद्रित झाले. इ.स.१०४१-४८ या कालखंडात बी शंग या चिनी संशोधकांनी मुद्रणासाठी चल खिळ्यांचा उपयोग केला

आणि मुद्रण कलेच्या प्रगतीच्या दिशेने पहिले पाऊल पडले. बी शंग याने चिकणमाती आणि डिंक एकत्र करून त्याचा अक्षराचा खिळा तयार केला व तो भाजून पक्का केला. अशाप्रकारे अनेक खिळे तयार करून त्यांच्या ओळी केल्या. लोखंडी पत्र्यावर राळ, मेण, कागदाची राख यांचा थर पसरून त्यावर ही अक्षरे ठेवली. पत्रा गरम केला व तसाच थंड होऊ दिला. त्या अक्षरावर शाई लावली व कागदावर दाबली. अशा तऱ्हेने ती अक्षरे कागदावर उमटली म्हणजेच मुद्रण झाले. नंतर पुन्हा पत्रा गरम करून, सर्व अक्षरे सोडविली व नव्या मजकुरासाठी वापरली. अशा तऱ्हेने अक्षरांचे खिळे हलवून, पुन्हा त्यांचा उपयोग केला म्हणून त्यांना चल खिळे म्हटले गेले. बी शंगच्या नव्या तंत्राने या क्षेत्रात काम करणाऱ्या संशोधकांना वेगळा मार्ग दिसला. १४ व्या शतकात अनेक देशांमध्ये वेगवेगळ्या पद्धतींनी लेखनासाठी अक्षरचिन्हे वापरली जात होती. तसेच कागदाचाही प्रसार होत होता. लाकडी अक्षरे पुन्हा पुन्हा वापरून मजकूर मुद्रित केला जाई. लाकडाच्या अक्षरांपेक्षा शिशाची अक्षरे खूप टिकतात, असाही शोध याच काळात लागला. कागदावर एकाच मजकुराचे किंवा चित्राचे ठसे उमटवून प्रती काढण्याची मुद्रणकला विकसित झाली. मुद्रणकलेमुळे जास्त संख्येने पुस्तके छापता येतात ही फायद्याची गोष्ट लक्षात आली आणि मुद्रणकला अधिक चांगली विकसित करण्याच्या दृष्टीने वेगवेगळे प्रयोग जोमाने सुरू झाले.

जर्मन गृहस्थ जोहान गुटेनबर्ग याने मुद्रणकलेतील महत्त्वाचा शोध १४३७ मध्ये लावला. गुटेनबर्गने प्रत्येक अक्षर वेगवेगळे ओतून केले. ही ओतीव अक्षरे एकाजवळ एक अशी ठेवून शब्द बनविले. याच पद्धतीने ओळी व पुढे पान तयार केले. गुटनेबर्गने मॉन्झ या त्याच्या जन्मगावी छपाईचे दुकान उघडले. येथे 'मॅझेरिन बायबल' या नावाचे युरोपातील पहिले पुस्तक छापले. यानंतर छापण्याची कला युरोपभर वेगाने पसरली. ४० वर्षांनी ही कला इंग्लंडमध्ये विल्यम कॉक्सटनने नेली आणि १०० वर्षांनंतर अमेरिकेत पुस्तक छपाई सुरू झाली.

१७९६ मध्ये जर्मन मुद्रक अे सेनेफेल्डर याने लिथोग्राफी ही छापण्याची पद्धत शोधली. त्याने चुनखडीच्या सपाट पृष्ठभागावर मऊ शिशाच्या पेन्सिलने चित्र काढले व त्याच्यावर पाणी टाकले. नंतर या ओल्या पृष्ठभागावर ग्रीसमिश्रित चिकट शाईचा थर दिला. शाई ओलसर भागाला चिकटली नाही, तर फक्त चित्रातील पेन्सिलने काढलेल्या चित्रावर टिकली. त्यावर कागद ठेवून तो दाबला आणि कागदावर चित्र उमटले. सेनेफेल्डरने या पद्धतीत अजून सुधारणा केली. फोटोलिथोग्राफी या पद्धतीत कॅमेऱ्यातून निघालेली निगेटिव्ह विशिष्ट प्रकारे तयार केलेल्या धातूच्या पत्र्यावर चढविली आणि मग मुद्रण केले.

हाताने खिळे जुळविण्याची प्रक्रिया मुळातच खूप हळू चाले. शिवाय त्यासाठी

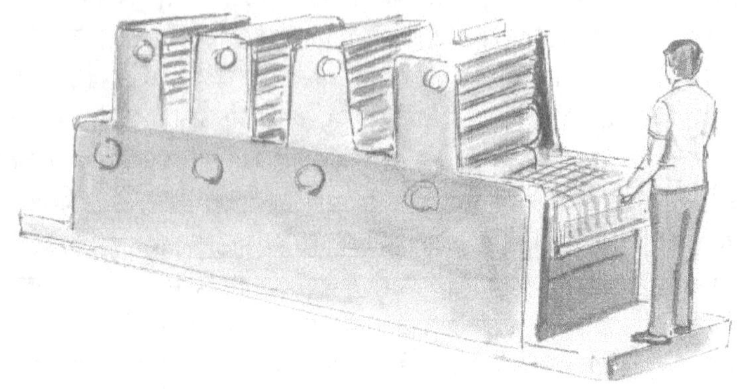

फार चिकाटीची गरज होती. हे काम यंत्राने करता यायला हवे या दिशेने संशोधन होऊन त्यासाठी विविध प्रकारची यंत्रे तयार करण्यात आली. त्यांपैकी लिनोटाईप आणि मोनोटाईप ही यंत्रे अधिक उपयुक्त ठरली.

१८८४ मध्ये ऑटमर मर्जे थेलर याने लिनोटाईप यंत्राचे पेटंट घेतले. या यंत्रासमोर टाईपरायटरसारखा कळफलक असतो. कळ दाबली की, विशिष्ट अक्षराचा साचा रांगेत जाऊन पडतो. अशा प्रकारे सर्व ओळींचे साचे एकत्र आले की, त्यांचा धातूचा साचा आपोआप घडविला जातो. असा धातूंचा साचा घडविला गेला की, मूळ साचे आपापल्या जागी परत येतात. त्यानंतर पान बांधले जाते. छपाई झाल्यावर वापरलेले धातू वितळून नव्या ओळींच्या ठशासाठी पुन्हा वापरण्यात येतात. मोनोटाईप यंत्रात ठशांची रचना वेगळी असते. या यंत्रात एकावेळी एकाच अक्षराचे ठसे पाडण्याचे आणि जुळविण्याचे काम होते. टॉलबर्ट लॅन्सटन या अमेरिकन तंत्रज्ञाने हे यंत्र तयार केले.

त्यानंतरचा पुढचा टप्पा म्हणजे विद्युत शक्तीच्या साह्याने यंत्र चालविण्याचा होता, परंतु विजेचा उपयोग करूनही छपाईचा वेग फारसा वाढला नाही. १८१० मध्ये मुद्रणयंत्रे वाफेवर चालू लागली. बाष्पयंत्रांमुळे मोठी व अवजड यंत्रे तयार होऊ लागली. यांचाही उपयोग मर्यादित स्वरूपातच राहिला. भारतीय शास्त्रज्ञ शंकर आबाजी भिसे यांनी १८९८ साली लंडनला 'भिसे टाईप' हे छपाईचे खिळे तयार करण्याचे यंत्र बनविले. मिनिटाला २४ शब्द हा त्याचा सुरुवातीचा वेग होता. नंतर मात्र मिनिटाला ३,००० शब्द बनवणारे यंत्र त्यांनी तयार केले. त्यानंतर १९२० मध्ये त्यांनी अमेरिकेत 'आयडियल टाइप कास्टर कार्पोरेशन' या संस्थेची स्थापना केली.

१९ व्या शतकात स्वयंचलित मुद्रणयंत्रे तयार झाली. खिळ्यांना शाई लावणे,

कागद उचलणे व योग्य जागी ठेवून देणे, छापलेल्या कागदावरील हवा शोषून घेणे आणि तो पुन्हा बाजूला ठेवणे ही सर्व कामे यंत्राने होऊ लागली.

गेल्या शंभर वर्षांत वर्तमानपत्राच्या छपाई तंत्रज्ञानात खूप बदल घडले. वर्तमानपत्र छापण्यासाठी प्रचंड आकाराची रोटरी मुद्रणयंत्रे तयार झाली. वर्तमानपत्राची छपाई, कापणी आणि घड्या घालणे ही सर्व कामे रोटरी यंत्रात होऊ लागली. वर्तमानपत्राच्या लाखो प्रती छापण्याचे काम अत्यंत जलद गतीने केले जाऊ लागले. आता तर संगणक, फॅक्स मशीन, इंटरनेट, यांनी जगाच्या कानाकोपऱ्यातील घटना वर्तमानपत्रात छापून येतात. पुस्तकात, मासिकात आणि वर्तमानपत्रात चित्रे छापण्यासाठी वेगळे तंत्र शोधून काढले गेले. कृष्णधवल चित्रांसाठी 'लाईन ब्लॉक'पद्धत वापरली जाऊ लागली. यामध्ये जस्ताच्या पत्र्यावर हव्या त्या चित्राचे छायाचित्र घेतात. नंतर हा पत्रा आम्लात बुडवून ठेवतात. चित्राचा पांढरा भाग आम्लाची प्रक्रिया होऊन झिजतो व त्याची उंची कमी होते, तर काळा रेषांचा भाग न झिजल्याने उंच राहतो. अशा पत्र्यावर शाईचा रूळ फिरवला की उंच भागावर शाई लागते व कागदावर काळ्या रंगाचा नेमका ठसा उमटतो. कमी-अधिक गडद रंगाच्या छटा असलेली रेखाचित्रे 'हाफ टोन' ब्लॉकच्या साह्याने छापण्यासाठी तांब्याचा पत्रा वापरत. या दोन्ही तंत्रांच्या शोधाने मुद्रणकलेत मोलाची भर टाकली.

१९०४ मध्ये अमेरिकन मुद्रक डब्ल्यू. रूबेल याने ऑफसेट ही पद्धत शोधली. त्यासाठी त्याने झिंक या धातूचा पत्रा वापरला. ही पद्धत फारच उपयोगी ठरली. २० व्या शतकात इलेक्ट्रॉनिक्स या शाखेने खूपच प्रगती केली. त्याचा फायदा मुद्रणकलेलाही झाला. संगणकाच्या मदतीने मुद्रणकला शास्त्रशुद्ध झाली.

मोठमोठे विचारवंत आपले विचार व्यक्त करतात. शास्त्रज्ञ विविध शोध लावतात. विचारवंतांचे विचार आणि शास्त्रज्ञांच्या शोधाची माहिती सामान्य लोकांपर्यंत पोहोचविण्याचे महत्त्वाचे काम मुद्रणकलेने केले आहे. माणसाची सर्वांगीण प्रगती करण्यात मुद्रण तंत्रज्ञानाचा महत्त्वाचा वाटा आहे.

✳

असली नकलाकार

१९३५ चा तो मंदीचा काळ होता. हातात भौतिकशास्त्राची पदवी होती; परंतु मिळेल ती नोकरी करून पोटापाण्याची सोय लावायला हवी, या विचाराने चेस्टर एफ. कार्लसन या तरुणाने न्यूयॉर्क इलेक्ट्रॉनिक्स कंपनीच्या पेटंट विभागातील नोकरी स्वीकारली होती. या पेटंट ऑफिसमध्ये एका पेटंटच्या अनेक कॉपीज काढाव्या लागत. त्यासाठी तोच तो मजकूर बऱ्याच वेळा टाईप करावा लागे. नाही तर त्यांचे फोटो काढून फोटो कॉपीज काढाव्या लागत. या कामात खूप वेळ जाई. शिवाय ते फार कंटाळवाणे होई. यावर काही तोडगा काढता येईल का, याचा कार्लसन सतत विचार करीत राही. तो विज्ञानाचा पदवीधर होताच शिवाय त्याला आधुनिक तंत्रज्ञानाविषयी माहिती देणारी मासिके वाचायला फार आवडत. नवीन माहिती, नवे शोध तो उत्सुकतेने वाचे. यातूनच मूळ पेटंटची हुबेहूब कॉपी करण्याचे यंत्र आपण बनवायचे, असा त्याने निर्धार केला.

फोटो कॉपीज काढताना काही द्रावणे व रासायनिक पदार्थ वापरावे लागत. म्हणून कार्लसनने काही रसायनांचा अभ्यास केला. तेव्हा गंधक या रसायनावर प्रकाशकिरण सोडले, तर त्याची विद्युतवाहकता खूप वाढते, असे त्याच्या लक्षात आले. मग त्याने गंधकाचा लेप लावून विद्युतभारित काचेची प्लेट तयार केली. एका पारदर्शक कागदावर काही अक्षरे आणि आकडे लिहिले. हा कागद या काचेच्या

प्लेटवर ठेवला आणि काही वेळाने कागद काढून घेतला, तेव्हा त्या काचेच्या प्लेटवर ती अक्षरे आणि आकडे तशीच्या तशी उमटलेली होती. ही अक्षरे आता साध्या कागदावर उमटविता आली की, कार्लसनला आपले स्वप्न साकार होणार, अशी खात्री वाटू लागली. त्याने तसा प्रयत्न केला. त्यात त्याला यश मिळाले. परंतु त्यात काही त्रुटी होत्या. अशा तऱ्हेने कार्लसनने १९३८ मध्ये वरील प्रकारचे पहिले झेरॉक्स मशीन तयार केले.

साध्या कागदावर मूळ अक्षरे उमटविण्यासाठी द्रवरूप रसायनाऐवजी, रसायनाची कोरडी पावडर वापरली तर जास्त उपयोगी पडेल, असे त्याच्या लक्षात आले, परंतु त्यासाठी थोडे वेगळ्या डिझाइनचे मशीन तयार करायला हवे होते आणि ही खर्चिक बाब होती. कार्लसनकडे तर पैसा नव्हता, परंतु हे मशीन भविष्यात नक्कीच खूप उपयोगी पडेल, हा दांडगा आत्मविश्वास होता. म्हणून त्याने मदतीसाठी काही बड्या कंपन्यांची दारे ठोठावली. त्यांना मशीनची उपयुक्तता पटवून देण्यात ३-४ वर्षे गेली. तरीही त्याला यश मिळाले नाही. शेवटी १९४४ मध्ये बॅटेले मेमोरिअल इन्स्टिट्यूट या छोट्या कंपनीने कार्लसनला मदत करण्याचे मान्य केले. कार्लसनच्या मनात झेरॉक्स मशीनबद्दलच्या कल्पना पक्क्या होत्या. त्या काळी उपलब्ध असलेली साधने, माहिती आणि तंत्रज्ञान वापरून असे मशीन तयार करणे अत्यंत अवघड होते; परंतु कार्लसनची जिद्द आणि इच्छाशक्ती दांडगी होती. ती पाहून जोसेफ सी. विल्सन हा एक फोटोग्राफिक कंपनीचा उपाध्यक्ष, कार्लसनच्या मदतीला धावून आला. बॅटेले इन्स्टिट्यूट, कार्लसन आणि विल्सन या तिघांनी अनेक प्रयोग केले. त्यातून सेलेनियम हे प्रकाशाला संवेदनशील असणारे मूलद्रव्य त्यांनी शोधून काढले. कार्लसनच्या मूळच्या मशीनमध्ये खूप बदल होत गेले आणि १९६० मध्ये कार्लसनचे स्वप्न साकार झाले. झेरॉक्स ९१४ हे ऑफिस कॉपिअर त्यांनी तयार केले. मशीनची उपयुक्तता पटल्याने, मशीनचा खप खूप वाढला. संशोधन करता करता कफल्लक झालेल्या कार्लसनला आणि विल्सनला खूप पैसा मिळाला.

कार्लसनचे मशीन आकाराने खूप मोठे होते. शिवाय कॉपी काढण्यासाठी त्याला जास्त वेळ लागे; परंतु विल्सनच्या या झेरॉक्स कॉर्पोरेशनला कित्येक वर्षे कुणीही स्पर्धक नव्हते. जसजसे भौतिकशास्त्रात विविध शोध लागत गेले, तसतसे झेरॉक्स मशीनमध्ये नवीन तंत्रज्ञान आणण्याचे प्रयत्न जगभर चालले होते. जपानने या क्षेत्रात मुसंडी मारली. तोशिबा कंपनीने एका मिनिटात १०० कॉपीज काढता येतील, असे मशीन तयार केले.

आधुनिक मशीनमध्ये झेरॉक्स ग्राफिक प्लेट उत्तम दर्जाची वापरली जाते. शिवाय सेलेनिअमबरोबरच झिंक ऑक्साइड हा रासायनिक पदार्थही उपयुक्त असल्याचे संशोधनावरून लक्षात आले. मशीनमधील कॅमेरेही अत्याधुनिक, उत्कृष्ट प्रतिमा

मिळवून देणारे वापरले जात आहेत. त्यामुळेच मशीनचा आकारही आटोपशीर करण्यात आला. आता थोड्या जागेतही मशीनचे काम व्यवस्थित चालत आहे.

१९७३ मध्ये कॅनन या जपानी कंपनीने पहिले रंगीत झेरॉक्स मशीन तयार केले. तसेच कॅननने १९८६ मध्ये लेसर कलर कॉपिअर तयार केले. हल्लीच्या स्वयंचलित मशीन्समध्ये एखाद्या कागदपत्राची मोठ्या आकारात किंवा छोट्या आकारात कॉपी मिळू शकते. पॅनॅसॉनिक कंपनीने पॉकेट फोटोकॉपिअर तयार केले. त्यात संचायक बॅटरी बसविलेली असते. या बॅटरीवर हे मशीन चालते.

आज खेडोपाडी, गल्लीबोळातून दिसणाऱ्या ठराविक पिवळ्या रंगाच्या बोर्डवरील काळी 'झेरॉक्स' ही अक्षरे गतिमान युगाची साक्षीदार ठरली आहेत.

❋

लिहिता लिहिता

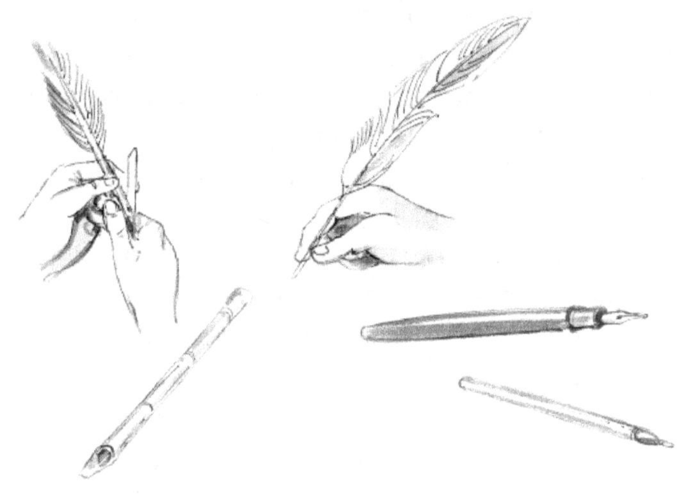

फार फार पूर्वीची ही गोष्ट आहे. जंगलात, गुहेत राहणाऱ्या माणसांची! हिंस्र श्वापदांपासून स्वत:च्या रक्षणासाठी ते दगडांचा उपयोग करीत. स्वानुभवाने टोकदार दगड जास्त उपयोगी पडतात, ही गोष्ट तो शिकला. सहज हाताला चाळा म्हणून त्याने या टोकदार दगडांनी रेघोट्या मारल्या, चित्रं काढली आणि मग टोकदार दगड हेच त्याचे मनातील भावना, विचार व्यक्त करण्याचे पहिले साधन झाले. ८,५०० ख्रिस्तपूर्व काळात, मातीच्या विटांवर वेगवेगळी चित्रे काढली जाऊ लागली. तसेच या विटांवर विशिष्ट खुणा करून त्यांचा व्यापारासाठी उपयोग होऊ लागला. १७०० ते १५०० ख्रिस्तपूर्व काळात, चित्रांची जागा मुळाक्षरांनी घेतली. ग्रीकांनी धातूपासून बनविलेली स्टायलस आणि टोकदार हाडांचे तुकडे लिहिण्याची साधने म्हणून वापरली. चिनी तत्त्ववेत्ता टीअन लचाउँ याने बनविलेली शाई ख्रिस्तपूर्व १२०० मध्ये सगळीकडे उपयोगात आणली जाऊ लागली.

दगडात कोरलेल्या चित्रलिपीमध्ये काळा रंग भरण्यासाठी एक मिश्रण तयार केले गेले. त्यात पाईन वृक्षाच्या धुराची काजळी, दिव्यासाठी वापरण्यात येणारे

तेल, गाढवाच्या कातडीतील जिलेटीन आणि सुगंधी द्रव एकत्र केले होते. हीच पहिली शाई होती. बेरीसारख्या फळांचे, झाडांचे, खनिजांचे रंगही शाई म्हणून वापरत. रोमन लोकांनी दलदलीत वाढणाऱ्या गवताच्या पोकळ लांब दांड्यापासून बोरू तयार केले. बांबूच्या खोडापासून पहिले प्राथमिक फाऊंटन पेन तयार केले. बांबूच्या खोडाच्या तुकड्याच्या एका बाजूला पेनच्या नीबसारखे टोकदार केले आणि दुसऱ्या बाजूने शाई भरली.

इ.स. ७०० मध्ये पक्ष्याच्या पिसाचा उपयोग लिहिण्यासाठी करण्यात येऊ लागला आणि जवळजवळ पुढची १,००० वर्षे ही क्वील पेनं वापरात होती. हंस, बदक यांची पिसे जास्त उपयोगी होती. कावळ्याच्या पिसांनी उत्तम बारीक रेषा काढता येत. गरूड, घुबड, टर्की, बहिरी ससाणा या पक्ष्यांची पिसेही वापरली जात. परंतु ही क्वील पेनं फार काळ टिकत नसत. तसेच ती टोकदार करण्यासाठी विशिष्ट चाकू किंवा सुरी लागे.

चांगली शाई आणि कागद, मुळाक्षरांमधील मोठी व लहान अक्षरे, २६ इंग्रजी मुळाक्षरांचा शोध या सर्वांचा परिणाम होऊन चांगल्या, टिकाऊ लिहिण्याच्या साधनांची गरज माणसाला भासू लागली आणि त्याच्या शोधक स्वभावाने, फाऊंटन पेनचा शोध लावला.

१७०२ मध्ये एम्. बिअन या फ्रेंच माणसाने पहिले फाऊंटन पेन तयार केले. त्यानंतर १८०९ मध्ये पेरेग्रीन विल्यमसनने पेनचे पेटंट मिळविले. १८१९ मध्ये जॉन शेफरने अर्धे पक्ष्याचे पीस आणि अर्धे धातूचे असे पेन तयार केले. हे पेन लोकप्रिय झाले. १८८४ मध्ये लुईस वॉटरमनने व्यवहारात उपयोगी ठरेल, असा फाऊंटन पेनचा नमुना बनविला. फाऊंटन पेनची कल्पना क्वील पेनवरूनच घेण्यात आली. संशोधकांनी पिसाच्या पेनाचे बारकाईने निरीक्षण केले, तेव्हा त्यांच्या लक्षात आले की, पक्ष्याच्या पिसांमधील मधल्या नलिकेच्या पोकळ भागात शाई भरली जाते. वारंवार शाईत पेन बुडवून लिहिण्याऐवजी नीबच्या खालील भागात शाई भरून केशाकर्षणाच्या प्रक्रियेने सतत शाई नीबमध्ये येत राहील असा प्रयत्न झाला. पूर्वीच्या पेनमधून शाई गळत असे. तसेच त्याचे नीबही फार तकलादू होते.

लुईस वॉटरमन हा विक्रेता होता. त्याच्या काही मोठ्या विक्रीचे ठराव गळक्या पेनांमुळे निकालात निघाले होते. त्यामुळेच त्याला चांगले फाऊंटन पेन असण्याची निकड भासली. त्यातून त्याने प्रेरणा घेऊन पेन बनविले. त्याच्या पेनच्या नीबला हवेसाठी छोटे छिद्र होते. या नवीन प्रकारच्या पेनांना शाई भरण्याची सोय होती. शाई भरण्यासाठी ड्रॉपरचा वापर केला जाई. १९१५ पर्यंत पेनसाठी एक मऊ, लवचिक रबराची लांबट, छोटी पिशवी वापरली जाऊ लागली. पेन उलटे करून,

ही पिशवी दाबून नीब शाईच्या बाटलीत बुडवून पेनमध्ये शाई भरण्याचे तंत्र विकसित केले गेले.

पेनच्या नीबच्या आकारातही सुधारणा होत होत्या. आता नऊ वेगवेगळ्या आकारातील नीबे मिळतात. पूर्वी सोन्याची नीब वापरत; परंतु सोने मऊ असल्यामुळे नीबाचे टोक इरिडिअम या धातूपासून बनविले जाऊ लागले. १९५० च्या सुमारास शाईसाठी छोटी 'कुपी' तयार केली गेली. शाई भरलेली प्लॅस्टिकची किंवा काचेची कुपी पेनमध्ये घालायला सोपी आणि सहज होती. त्यामुळे ती लवकरच मोठ्या प्रमाणात वापरली जाऊ लागली. १९३८ मध्ये बॉल पॉईंट पेनचा शोध लागला आणि त्याच्या उपयुक्ततेपुढे फाऊंटनपेनही मागे पडले.

लॅडिस्को बिरो आणि जॉर्ज बिरो या दोन हंगेरियन भावांनी बॉल पॉईंट पेनचा शोध लावला. बाजारात हे पेन बिरो पेन या नावाने ओळखले जाऊ लागले. लॅडिस्को बिरो हा प्रूफ रिडर म्हणून काम करीत असे. प्रूफ तपासताना चुका दुरुस्त करण्यासाठी तो पेन वापरत असे. त्याच्याकडचे पेन जुन्या पद्धतीचे होते. प्रत्येक चूक दुरुस्त करण्यापूर्वी त्याला शाईच्या बाटलीत पेन बुडवावे लागे. त्याला या गोष्टीचा फार कंटाळा येई. शिवाय दरवेळी शाई कागदावर पडते की, काय ही धास्ती असे. म्हणून त्याने शाई भरायला न लागेल असे पेन तयार करायचा ठरविले. त्याच्या भावाने आणि त्याने अनेक प्रयोग करून गुळगुळीत, तेलाचा अंश असलेली पेस्टसारखी शाई तयार केली. ही शाई अगदी बारीक नलिकांमध्ये भरली व ती नलिका म्हणजेच रिफिल पेनमध्ये घातली. या नलिकेच्या टोकाला एक छोटा धातूचा गोल बसविला. जो सहजपणे कागदावरून फिरत असे. अर्थात हल्लीच्या बॉलपेनचे हे अगदी प्राथमिक रूप होते. कारण या पेनने चांगले लिहिता येत नव्हते, तसेच त्याची शाई लवकर वाळत नसे. हे बॉलपेन फाऊंटन पेनपेक्षा महाग होते. त्यामुळे सुरुवातीला लोकांनी 'बॉलपेन' हे एक फॅड आहे असे, म्हणून ते विकत घेण्याचे टाळले. गंमतीचा भाग म्हणजे दुसऱ्या महायुद्धात हवाई दलातील लोकांना या पेनची उपयुक्तता पटली. कारण जास्त उंचीवर साध्या पेनातून शाई बाहेर येई. मात्र, बिरोच्या पेनातील शाई गळत नव्हती. हळूहळू बॉलपेनमधील शाईत खूप बदल होत गेले. बॉलपेन कसेही धरून लिहिता येते. तसेच त्याची शाई पाण्याने फिसकटत नाही. कार्बन कॉपी काढायला बॉलपेन फारच उपयोगी ठरत होते. १९५४ मध्ये पार्कर कंपनीने पहिले जॉटर पेन बनविले. बॉलपेनचे टोक, शाईची प्रत, लिहिताना वाटणारी सहजता, या गुणांनी पार्कर पेन फारच लोकप्रिय झाले. १९६३ मध्ये फायबर टिप मार्कर्स बाजारात आले. जपानी संशोधकाने हे पेन तयार केले. त्यांचे टोक उत्तम प्रतीच्या नायलॉनने तयार

करतात. तसेच विविधरंगी शाई यात वापरतात. शाई आणि कागदाचा शोधही लिखाण प्रक्रियेतील फार मोठी क्रांती होती. एवढेच नाही, तर एकूण समाजजीवनावर या शोधांनी फार मोठे परिणाम घडविले होते. बॉल पॉईंट पेनने तर लिहिण्याचे 'जागतिक साधन' हा मान मिळविला आहे.

✻

अक्षरे झाली गतिमान!

वीस वर्षांपूर्वी कुठल्याही ऑफिसमध्ये कड्कट्, कड्कट् असा आवाज अगदी सहजपणे कानावर पडत असे. टेबलावर टंकलेखन यंत्र आणि त्यावर वेगाने होणारे टंकलेखन हा प्रत्येक ऑफिसचा अविभाज्य भाग होता. टंकलेखन यंत्र किंवा टाइपरायटरच्या रूपात लिखाणासाठी यंत्र ही संकल्पना माणसाने साकार केली.

हाताने लिहिण्याचे काम कंटाळवाणे आणि कष्टाचे वाटत होते. म्हणूनच एकसारखी, सुवाच्च अक्षरं उमटविणारे, जणू काही छापील अक्षरं आहेत, असे वाटणारे एखादे यंत्र शोधण्याची गरज १८ व्या शतकाच्या सुरुवातीला वाटू लागली.

लिखाणासाठी यंत्र तयार करणारा पहिला संशोधक हेन्री मिल नावाचा इंग्लिश इंजिनिअर होता. त्याने या शोधाचा खास हक्कही १७१४ मध्ये मिळविला होता, परंतु त्याचे यंत्र कधीच तयार झाले नाही. पुढे जवळजवळ शंभर वर्षे लेखनयंत्र तयार करण्याचे प्रयत्नही फारसे कोणी केले नाहीत. १८२९ मध्ये विल्यम बर्ट याने 'टायपोग्राफर' नावाचे छोटे यंत्र बनविले, परंतु त्याला काही फारशी प्रसिद्धी मिळाली नाही. यामध्ये शाईची गादी वापरली होती व त्यावर अक्षर दाबून छापण्यात येईल.

१८३३ मध्ये फ्रेंच तंत्रज्ञ झेव्हिअर प्रोजियन याने एक गोलाकार यंत्र तयार केले. त्यात पट्टीवर एकेक अक्षर बसविले होते व प्रत्येक अक्षराला एक कळ होती. त्यानंतर दहा वर्षांनी अलेक्झांडर बेनने शाई लावलेली रिबन तयार केली. अशा तऱ्हेने १८६७ पर्यंत अनेक लेखनयंत्रे बनविण्यात आली.

या यंत्रामध्ये काही तरी सुधारणा करायला हवी, असे ख्रिस्तोफर शोल्स याला वाटले. शोल्स हा जकात अधिकारी होता. शोल्सने जकात विभागात काम करण्यापूर्वी छापखाना चालविला होता. तसेच एका वर्तमानपत्राचा तो संपादकही होता. त्याला वेगवेगळी नियतकालिके वाचायची आवड होती. तसेच वेळ मिळाला की, तो छोटी-मोठी यांत्रिक उपकरणे करत असे. शोल्सने छंद म्हणून पानावर आपोआप आकडे घालणारे एक उपकरण बनविले होते. एकदा एका नियतकालिकात लेखन यंत्राविषयीचा लेख त्याच्या वाचण्यात आला. त्या लेखात वेगाने शब्द लिहिणारे यंत्र शोधण्याची गरज असल्याचे लिहिले होते. तेव्हा आपण लेखनयंत्र तयार करण्याचा प्रयत्न करून बघायला हवा, असा विचार शोल्सच्या मनात आला.

शोल्सने त्या दृष्टीने तयारी सुरू केली. १८६७ ते १८७३ या सहा वर्षांत त्याने वेगवेगळ्या तऱ्हेचे तीस साचे बनविले. पहिल्या साच्याला त्याने 'टाईपरायटर' हे नवीन नाव दिले. या यंत्रात एक तारायंत्री कळ किंवा की होती. ती एका पट्टीला जोडली होती. ही कळ दाबली की, डब्ल्यू (w) हेच अक्षर उमटले जाई. सात - आठ महिन्यांमध्ये शोल्सने सर्व अक्षरे आणि आकडे असलेले टंकलेखन यंत्र तयार केले. यातील सर्वच अक्षरे नीट उठत होती, असे नाही; तरीसुद्धा शोल्सने चिकाटीने काम करून सर्व अक्षरांच्या जागा निश्चित केल्या. त्याच्या यंत्रात एक सिलिंडरसारखे गोल धातूचे नळकांडे होते. त्यावर कागद बसविता येत होता. तसेच शाईची रिबन वापरली होती. दोन शब्दांमध्ये ठराविक अंतर राहील अशी सोयही त्याने केली होती. शोल्सने या टाईपरायटरवर आपली मुलगी लिलियन हिला काम करायला लावले. तिने या टाइपरायटरला 'लिटररी पियानो' असे नाव दिले.

शोल्सने हा व्यवहारोपयोगी टाईपरायटर रेमिंग्टन ॲण्ड सन्स या कंपनीला दाखविला. १८७३ पासून ही कंपनी शोल्सचे यंत्र तयार करू लागली. टंकलेखन यंत्रात बरेच गुंतागुंतीचे भाग असतात. त्यामुळे ते तयार करण्यास खर्चही खूप येई. साहजिकच त्याची किंमतही जास्त होती. त्यामुळे पहिली आठ-दहा वर्षे त्यांचा खप कमीच होता. १८८० नंतर अमेरिकेतील उद्योगधंदे बरेच वाढीला लागले होते. त्यांच्या कामातही वेग आला होता. टंकलेखनासारखे यंत्र एका मिनिटाला साठ शब्द लिहू शकते, हे अनुभवाने लक्षात आल्यावर त्याचे महत्त्व वाढले. टंकलेखन यंत्राचा उपयोग कसा करावा, याचे शिक्षण लोकांना मिळायला हवे, या विचाराने न्यूयॉर्कमधील एका शाळेने तरुण महिलांना टंकलेखनाचे प्रशिक्षण देण्यास सुरुवात केली. त्यायोगे

कितीतरी महिलांना एक नवा व्यवसाय मिळाला. संपूर्ण कादंबरी टंकलिखित करण्याची कामगिरी सर्वप्रथम मार्क ट्वेन या अमेरिकन कादंबरीकाराने केली. कांदबरीचे नाव 'लाईफ ऑन द मिसिसिपी' होते. १८८३ मध्ये ती प्रसिद्ध झाली.

शोल्सच्या टाईपरायटरला पुढे 'रेमिंग्टन' असे नाव देण्यात आले. इतर देशांतही त्याचा खप खूप वाढला. शोल्सने तयार केलेल्या यंत्रात सर्व मजकूर मोठ्या म्हणजे कॅपिटल अक्षरात उमटत असे, परंतु रेमिंग्टन कंपनीने त्यात काही बदल करून मोठ्या आणि लहान लिपीत अक्षरे छापता येतील, अशी सोय केली. विसाव्या शतकाच्या सुरुवातीलाच विजेवर चालणारी टंकलेखन यंत्रे तयार झाली. त्यांना 'इलेक्ट्रोमॅटिक' असे नाव देण्यात आले. दुसऱ्या महायुद्धानंतर या यंत्रांची मागणी वाढली. टंकलेखन करताना खूप आवाज येत असे. हा आवाज कमी करण्यासाठी ए.बी.हेस आणि एल.सी. मेयर्स यांनी आवाज कमी करणारी यंत्रे तयार केली. यामध्ये घर्षण कमी होणारे टंक तुकडे त्यांनी वापरले, परंतु ही यंत्रे फारशी लोकप्रिय झाली नाहीत. सुरुवातीची यंत्रे आकाराने बरीच मोठी होती. त्यामुळे ती ठेवायला जागाही खूप लागे. तसेच ती हलवता येत नसत. हळूहळू लहान, सुबक व वजनाला हलकी यंत्रे तयार होऊन या अडचणी दूर झाल्या.

रोमन लिपीतील टंकलेखन यंत्रांचा जगात सर्वत्र प्रसार होत होता. त्याचवेळी प्रादेशिक लिपीमध्ये टंकलेखन करणारी यंत्रे तयार करण्याची आवश्यकता भासू लागली. त्यासाठी प्रयत्नही सुरू झाले. १९३२ मध्ये देवनागरी टंकलेखन यंत्र तयार करण्यात आले. तमीळ, तेलगू, कन्नड, गुजराती इत्यादी भाषांसाठीही स्वतंत्र टंकलेखन यंत्रे वापरली जाऊ लागली. एवढेच काय, पण अंध व्यक्तींना त्यांच्या ब्रेल लिपीत टंकलेखन करता यावे यासाठी केवळ सात बटणांचे यंत्र अमेरिकेत बनविले गेले.

आयबीएम कंपनीने १९६५ मध्ये पहिला इलेक्ट्रॉनिक टाईपरायटर बाजारात आणला, तर १९८४ मध्ये जपानच्या मात्स्युशिता या कंपनीने पहिले की-बोर्ड नसलेले यंत्र तयार केले. त्यात की-बोर्ड म्हणजे एक संवेदक जाड पान होते. यामध्ये सरळ समोरच्या पडद्यावर लिहिण्याची सोय होती.

✳

कवडी ते क्रेडिट कार्ड

'मी गव्हाची पोती देतो.'

'माझ्याकडे गाय आहे किंवा ही होडी घेतलीत तरी चालेल.' गव्हाच्या पोत्यांच्या बदल्यात एक गाय किंवा एक होडी असा कसा हा व्यापार? प्राचीन काळी असाच व्यापार चालत होता. गाय विकणाऱ्याला गव्हाची गरज, तर एखाद्या गव्हाच्या व्यापाऱ्याला गाय हवी, तर दुसऱ्याला होडी हवी. असा हा देवाणघेवाणीचा व्यवहार केला जाई. मोठ्या गावांमध्ये, मोठ्या शहरात बाजाराच्या जागा ठरलेल्या असत. कारागीर, शेतकरी त्यांचा माल बाजारात आणत. दिवसभर तेथे थांबत. मालाच्या मोबदल्यात वस्तू घेत आणि संध्याकाळी घरी परतत. आजही लहान गावांमध्ये बाजार भरतो.

मेसोपोटेमियामध्ये दगड, लाकूड किंवा धातूंचा अभाव होता. त्यामुळे हे लोक त्यांच्याकडील जास्तीच्या धान्याच्या मोबदल्यात इतर वस्तू मिळवत. तेथील काही लोक कायम फिरतीवर राहत. ते बोटीने किंवा उंटांचा तांडा घेऊन निघत. आपल्याकडचे

धान्य, तेल, लोकरीचे कपडे या वस्तू घेऊन ते दूर देशी जात. परत येताना सोने, चांदी, तांबे, हस्तिदंत व लाकडापासून बनविलेल्या किंमती वस्तू घेऊन येत.

पूर्वींच्या काळी गाय, वासरू, उंट, गाढव यांच्या रूपात खूपशी देवाणघेवाण होई. कवड्यांच्या रूपातही बराच व्यापार चाले. या कवड्या वरच्या बाजूला फिकट पिवळा रंग असलेल्या, लहान, गोलाकार असत. प्रशांत महासागरात प्रचंड प्रमाणात कवड्या सापडत होत्या. आफ्रिकेच्या पश्चिम किनाऱ्यावरील शहरांमध्ये युरोपियन व्यापारी कवड्या पाठवत व त्याच्या बदली हस्तिदंत, सोने आणि गुलाम मिळवत. चाळीस कवड्यांची एक माळ, असे कवड्या मोजण्याचे गणित होते. तांदूळ, कापड, धातूच्या पट्ट्या, मीठ अशा वस्तू देवाणघेवाणीसाठी जास्त प्रसिद्ध होत्या. दुर्मिळ पक्ष्यांची पिसे किंवा विशिष्ट प्रकारच्या कवड्या, सोन्याच्या तारा या गोष्टी विशेष मौल्यवान मानल्या जात.

शहरात राहणारी माणसे व्यापारासाठी धातूंचा जास्त उपयोग करत. सोने, चांदी सर्वांत जास्त किमती होते. त्याचबरोबर तांबे, रुपे, पितळ असे इतर धातूचे तुकडेही वापरले जात. धातू वापरायला सुटसुटीत आणि टिकाऊ असल्यामुळे जवळ बाळगायला सोपे जात. त्यामुळे लोक सहजासहजी धातूची देवाणघेवाण करायला तयार नसत. शिवाय प्रत्येक धातूचे वजन, दर्जा निराळा असल्यामुळे त्याचे मोलही वेगवेगळे असे. या वेगळेपणामुळे धातूचा प्रत्येक तुकडा तपासावा लागे. यामध्ये खूप वेळ जाई आणि देवाणघेवाणीत कटकटी होत. इ.स. पूर्व ७०० मध्ये काही व्यापाऱ्यांनी एक नवीन कल्पना लढविली. एखाद्या धातूचा तुकडा ते एकदाच तपासत आणि त्याच्या एका बाजूला विशिष्ट खूण करत. या खुणेवरून त्या तुकड्यांचे मूल्य ठरत असे. व्यापाऱ्यांना त्या खुणेवरून या तुकड्याची किंमत लक्षात येई. ही धातूची सर्वप्रथम तयार झालेली नाणी आहेत. ही नाणी तयार करणारे व्यापारी तुर्कस्थानामध्ये राहत होते. त्यांचा पूर्वेकडील देशांमध्ये सतत व्यापार चालू असे. व्यापारामुळे नाणी दूरवरच्या देशांमध्ये पोहोचली. साधारणपणे इ. स. पू. ६८५ मध्ये पूर्वेकडील लिडिया देशाच्या राजाला ही खुणेची नाणी मिळाली. सोने व रूपे यांचे मिश्रण करून ही नाणी बनविली होती. लिडिया राजाने या नाण्यांमध्ये अजून सुधारणा केली. त्याने तेथील सर्व नाणी एकत्रित केली आणि नाण्याच्या दुसऱ्या बाजूवर 'लिडिया' अशी अक्षरे कोरून घेतली. कालांतराने लिडियातील नाणी पूर्वेकडील देशांमध्ये गेली. इतर राजांनीही स्वत:च्या राज्यासाठी नाणी तयार करण्यास सुरुवात केली आणि आपली स्वत:ची ओळख नाण्यांवर उमटविण्याची पद्धत चालू केली. त्यामुळे नाण्यांना नवीनच अर्थ प्राप्त झाला. नाण्यावर प्राण्यांची, पक्ष्यांची, देवदेवतांची चित्रे येऊ लागली. काही नाण्यांवर लेख लिहिलेले असत. नाण्यांचा उपयोग राजकीय प्रसाराचे साधन म्हणूनही केला जाऊ लागला. इंग्लंडच्या

राजांनी लहान चांदीची नाणी प्रचारात आणली. सातव्या शतकातील मर्सिआचा राजा पेन्डा याच्या नावावरून या नाण्यांना 'पेनी' असे नाव पडले.

चीनमधील नाणी खूपच वेगळी होती. या नाण्यांना मध्यभागी एक भोक असे. भोकातून दोरी ओवून नाण्यांच्या माळा करून ठेवत. हळूहळू वेगवेगळे धातू एकत्र करून नाणी तयार होऊ लागली. त्यासाठी टांकसाळी सुरू झाल्या.

चौकोनी, गोल, लंबगोल, चपटी, वाटोळी, असे नाण्यांचे विविध आकार होते. नाण्यांवर पाने, फुले, सिंह, वाघ, साप, बैल, कासव, घुबड, विविध देवदेवता यांची चित्रे काढली जात. तसेच त्यावर विविध भाषेत, लिपीत लेखन केलेले असे. प्राचीन इतिहासाच्या अभ्यासाला नाण्यांमुळे फार मदत झाली.

व्यापार आणि उद्योगधंदे यांची १५ व्या शतकानंतर वेगाने वाढ झाली. त्यामुळे व्यापाऱ्यांना खूप नाणी जवळ बाळगावी लागत. ते खूप गैरसोयीचे होऊ लागले. यावर उपाय म्हणून मध्ययुगीन व्यापारी एकमेकांवर विश्वास ठेवून नाण्यांऐवजी एक पत्र देऊ लागले. या पत्रातून, मागविलेल्या वस्तूंची किंमत विकत घेणारा व्यापारी देईल, अशी हमी देण्यात येई. या पत्राला पतचिठ्ठी असे म्हटले जाई. नाण्यांची संख्या वाढली तशी ती साठवून ठेवण्याचा प्रश्नही निर्माण झाला. इजिप्त, ग्रीस या देशात देवळांमध्ये पैसे ठेवण्याची पद्धत होती. व्यापारी लोकांचे पैसे ठेवून घेत आणि त्यांना लागतील तेव्हा पैसे परत देत. तसेच गरजू लोकांची पैशाची नडही भागवत. मध्ययुगात पैशाचे हे देवघेवीचे व्यवहार इटालियन व्यापारी रस्त्याच्या कडेच्या बाकांवर बसून करत. बाकासाठी 'बॅन्को' हा इटालियन शब्द आहे. या शब्दावरून 'बँक' हा शब्द तयार झाला.

आधुनिक बँकेची सुरुवात व्हेनिस शहरात १५८७ मध्ये झाली. 'बॅन्को दी रिऑल्टो' असे या बँकेचे नाव होते. पैसे जमा करणाऱ्याच्या नावावर पावती दिली जाई. काही वर्षांनी बँक लोकांकडून सोन्या-चांदीची नाणीही ठेवून घेऊ लागली आणि त्या बदल्यात ग्राहकांना पावत्या मिळत. या पावत्यांचा उपयोग पैशासारखा केला जाई. त्यांना बँकनोट्स म्हटले जाई. १७ व्या शतकात पावत्यांचा नियमित उपयोग सुरू झाला. केवळ नाव बदलून किंवा सही करून एका व्यक्तीचे पैसे दुसऱ्या व्यक्तीच्या नावावर होऊ लागले.

लोकांचे खरेदी-विक्रीचे प्रमाण १८ व्या शतकापासून खूप वाढले. कागदी नोटा, धनादेश, हुंडी, अशी चलनाची साधने प्रचारात आली. कागद तयार करण्याच्या तंत्रज्ञानात प्रगती झाली आणि चलनी नोटांसाठी विशेष पद्धतीने तयार केलेला चिवट कागद वापरला जाऊ लागला. त्याच्यावर जलचिन्ह (वॉटर मार्क) उमटविले जाऊ लागले. अशी नोट उजेडासमोर धरली तर त्यावरील जलचिन्ह स्पष्ट दिसते. नोटेचा खरेपणा तपासण्यासाठी या चिन्हाचा उपयोग होतो.

मोठ्या रकमांचे व्यवहार बँकांमार्फत धनादेशाने होऊ लागले. अमेरिकन एक्स्प्रेस कंपनीचे अध्यक्ष जेम्स सी फार्गो यांना जगभर फिरावे लागे. १८९० मध्ये युरोपच्या दौऱ्यात त्यांचे चेक वटले गेले नाहीत. एवढ्या प्रतिष्ठित व्यक्तीलाही युरोपियन बँकेने पैसे दिले नव्हते. फार्गो यांना तो अपमान वाटला. त्यांनी कंपनीतल्या लोकांना हा अनुभव सांगितला. यावर उपाय म्हणून प्रवासी धनादेश ही कल्पना कंपनीत काम करणाऱ्या एम.एफ.बारी यांनी सुचविली. ७ जुलै १८९१ पासून लोकांना प्रवासी धनादेश (ट्रॅव्हलर्स चेक) देऊन दुसऱ्या देशांमध्ये पैसे मिळू लागले. ही पद्धत लोकांना सोयीची आणि सुरक्षित वाटू लागली.

देशांतर्गत आणि आंतरराष्ट्रीय व्यापार २० व्या शतकात खूप वाढला. तसेच शिक्षण, प्रवास, करमणूक, विविध वस्तूंची खरेदी अशा कितीतरी गोष्टींसाठी सतत पैशाचे व्यवहार होऊ लागले. पैशाचे व्यवहार सोपे व्हावेत यासाठी विविध मार्ग शोधले जाऊ लागले. त्यातूनच 'क्रेडिट कार्ड'ची पद्धत सुरू झाली. राल्फ श्नाइडर या अमेरिकन माणसाने १९५० मध्ये क्रेडिट कार्ड कंपनी स्थापन केली. श्नाइडरच्या कंपनीचे सुरुवातीला दोनशे सभासद होते. न्यूयॉर्कमधील सत्तावीस हॉटेल्समध्ये या सभासदांना क्रेडिट कार्डच्या माध्यमातून जेवण मिळण्याची सोय करण्यात आली. बँक ऑफ अमेरिकेने १९५८ मध्ये बँक क्रेडिट कार्डची योजना पहिल्यांदा राबविली. आता तर क्रेडिट कार्डच्या साह्याने आपणही मोठ्या रकमेची खरेदी सहजतेने करू शकतो. शिवाय संगणकाच्या मदतीने ऑनलाइन खरेदीही करता येऊ लागली आहे. प्रचंड प्रमाणात वाढलेले उद्योगधंदे, व्यापार आणि त्यासाठी होणाऱ्या पैशांच्या अनेकविध उलाढालींसाठी चलनांमधील नवनवीन तंत्रज्ञानाने खूप मदत होते आहे.

❋

आकडेमोडीचा करामतकार

झाडं तोडणे, मारलेल्या प्राण्यांचे धूड वाहून नेणे अशी अनेक शारीरिक श्रमांची कामं प्राचीन माणूस करत होता. हळूहळू अशा कामांसाठी माणसाने काही हत्यारं तयार केली. त्याच्या साह्यानं ही कामं पूर्वीपेक्षा भरभर होऊ लागली. त्याचबरोबर शारीरिक क्षमताही वाढली. शरीराबरोबर बुद्धीची ताकद वाढविण्याचेही काही मार्ग माणसाला सापडले होते. हातांची आणि पायांची बोटे यांचा उपयोग करून मोजण्याचे काम तो करत होता. पूर्वीचा भटका माणूस त्याच्याकडील मेंढ्या किंवा इतर प्राणी मोजण्यासाठी छोटे खडे किंवा धान्याचे दाणे वापरत असे. एका प्राण्याला एक खडा किंवा धान्याचा दाणा असा हिशेब तो करत असे. अर्थात मोठ्या संख्येसाठी दोरीला गाठी मारून ठेवणे किंवा काठीने रेघा मारणे असे काही उपाय त्याने शोधून काढले होते. ही मोजदाद करण्याची प्राथमिक साधनेही त्या काळी माणसाची बौद्धिक क्षमता वाढविणारी होती.

लिहिण्याची कला आत्मसात केल्यावर माणसाच्या जीवनमानात बरेच बदल झाले. उद्योग आणि व्यापार वाढला. व्यापारामुळे पैशाची आणि वस्तूंची देवाणघेवाण वाढली. हिशेबाचे काम केवळ बोटांवर होईना. मोजदाद करण्यासाठी खूप वेळ लागू लागला आणि बेरीज-वजाबाकी अशी गणिते करण्यासाठी काहीतरी वेगळ्या साधनांची

गरज भासू लागली.

बॅबिलोनियन काळात ॲबॅकस किंवा मोजचौकट हे हिशेब करण्याचे पहिले साधन तयार झाले. यामध्ये वाळू, मेण किंवा मातीच्या चौकोनी वड्या यांच्यावर काही खुणा असत. गोट्या वापरून ते मोजणी करत. रोमन लोकांनी त्याला 'पेबल कॅल्क्युलाय' असे नाव दिले आणि तेव्हापासून कॅल्क्युलेशन हा शब्द रूढ झाला. त्यानंतरचे ॲबॅकसचे रूप थोडे वेगळे झाले. तारेत रंगीबेरंगी मणी ओवून त्या तारा चौकटीत पक्क्या बसविल्या. प्रत्येक रंगाच्या मण्याला ठराविक मूल्य ठरविले होते. अर्थात यामध्ये सर्व हिशेब हाताने करावे लागत. त्यात फक्त बेरीज आणि वजाबाकी करता येई. ही गणकयंत्रे हजारो वर्षे वापरली गेली. लोक ॲबॅकस वापरण्यात पारंगत झाले होते. चीन व जपानमध्ये तर आजही ॲबॅकसचा काही ठिकाणी उपयोग करतात.

१६ व्या आणि १७ व्या शतकात विज्ञानाची प्रगती होऊ लागली होती. नवे शोध लागत होते. वैज्ञानिकांना त्यासाठी लांबलचक, किचकट गणितं करावी लागत होती. विशेषत: खगोलशास्त्रात तर साधी आकडेमोड करण्यासाठी कित्येक महिने लागत. म्हणूनच आकडेमोड करण्यासाठी सोप्या यंत्राची गरज निर्माण झाली होती. असे गणकयंत्र (कॅल्क्युलेटर) ब्लेझ पास्कल या फ्रेंच संशोधकाने इ.स. १६४५ मध्ये तयार केले. पास्कलला लहानपणापासूनच गणिताची आवड होती. वयाच्या १२ व्या वर्षी त्याने युक्लिडच्या भूमितीमधील बहुतेक सर्व प्रमेये सोडविली होती. पास्कलचे वडील कर-संकलन अधिकारी होते. या कामासाठी त्यांना रोजच खूप हिशेब करावे लागत. रोजच्या रोज हिशेब पूर्ण करण्यासाठी ते पहाटेपर्यंत जागरण करत. दिवसरात्र कष्ट करणाऱ्या वडिलांना आपण काहीतरी मदत करायला हवी, या विचारातून त्याने एक गणकयंत्र तयार केले. त्यात बेरीज-वजाबाकी करता येत होती. हे यंत्र तयार करताना पास्कलला बऱ्याच तांत्रिक अडचणी आल्या. पास्कलने या यंत्राला 'पास्कलाईन' असे नाव दिले. त्यात एकमेकांना जोडलेल्या तबकड्या होत्या. प्रत्येकीवर शून्यापासून नऊपर्यंत आकडे लिहिलेले होते. तबकड्या फिरवून आकड्यांची बेरीज किंवा वजाबाकी करता येई. 'हिशेबाच्या कामामुळे मेंदूला येणारा ताण घालविणारे यंत्र' अशी पास्कलने आपल्या यंत्राची जाहिरात केली होती. पास्कलच्या गणकयंत्राने गणितातली आकडेमोड सोपी झाली.

१८ व्या शतकात तर गणकयंत्रांची गरज खूपच वाढली होती. त्यासाठी बरेच संशोधक वेगवेगळ्या कल्पना लढवून गणकयंत्रे तयार करत होते. चार्ल्स थॉमस याने १८२० मध्ये ॲरिथमॉमीटर नावाचे गणकयंत्र तयार केले आणि विक्रीसाठी ठेवले. पुढे दोन वर्षांनी विल्यम सीवर्डने मिलिओनिअर नावाचे गणकयंत्र तयार केले. या गणकयंत्रामध्ये आकडेमोड करण्यासाठी दातेरी चक्रे लावलेली असत. गणकयंत्राचा

दांडा फिरवून ती चालवावी लागत. ती आकाराने मोठी व अवजड होती. त्यामुळे इकडे तिकडे हलविण्यास त्रास होई. आकडेमोड करण्यासाठी बराच वेळ लागे. तसेच या गणकयंत्रामध्ये काही त्रुटी होत्या. दोन आकड्यांचा गुणाकार करण्यासाठी बेरजा कराव्या लागत. सरळ गुणाकार करता येत नव्हता. तसेच भागाकाराचीही सोय नव्हती. ओट्टो स्टायगर या गणितज्ञाने मात्र या त्रुटींवर मात करणारे पहिले गणकयंत्र १८९४ मध्ये बनविले. आकडेमोडींचा वेग वाढावा यासाठी विद्युत जनित्रावर गणकयंत्रे चालविण्याचे प्रयत्न झाले, परंतु त्याचा फारसा उपयोग झाला नाही.

१९५० नंतर झालेल्या इलेक्ट्रॉनिक्सच्या प्रगतीमुळे गणकयंत्रामध्ये मोठे बदल झाले. १९५८ मध्ये जॅक किल्बीने पहिला संकलन परिपथ इनटीग्रेटेड सर्कीट बनविला. त्यासाठी त्याने एका अर्धवाहकावर अनेक ट्रान्झिस्टर व इतर भाग बसवून हा संकलन परिपथ तयार केला. इलेक्ट्रॉनिक गणकयंत्र तयार करण्यासाठी हीच कल्पना वापरण्यात आली. गणकयंत्रात संकलन परिपथ मेंदूचे काम करतो. तो विद्युत शक्तीवर चालतो. त्यामुळेच १८ ते २२ बटणांच्या कळफलकाच्या साहाय्याने आकडेमोड करून काढलेले उत्तर आपल्याला गणकयंत्राच्या पडद्यावर क्षणार्धात मिळते. या नव्या संकल्पनेमुळे गणकयंत्राचे आकार लहान व सुटसुटीत झाले. १९७० च्या सुमारास मोठ्या, महागड्या गणकयंत्राच्या जागी लहान आकाराची, स्वस्त गणकयंत्रे तयार होऊ लागली.

इलेक्ट्रॉनिक्स चिप्समुळे गणकयंत्रांचा आकार लहान कार्डाएवढा झाला. दोन प्रकारचे गणकयंत्र व्यवहारात वापरले जाऊ लागले. एक मेज गणकयंत्र व दुसरा हातवाही गणकयंत्र. मेज गणकयंत्र चालविण्यासाठी मुख्य विद्युतपुरवठा वापरतात. तो ऑफिसमध्ये विशेष उपयोगी पडतो. या यंत्रात अजून थोडी सुधारणा करून मुद्रणाची सोय करण्यात आली. त्यामळे कागदावर उत्तरे छापून मिळू लागली. सहजपणे हातात मावणारे किंवा खिशात ठेवता येण्यासारखे हातवाही गणकयंत्रे वैयक्तिक वापरासाठी फार सोयीची असतात. त्यांना अगदी थोडी विद्युत शक्ती लागते. त्यांच्या छोट्या बॅटऱ्या दीर्घकाळ चालतात.

१९७४ मध्ये गणकयंत्रात डिजिटल घड्याळही बसविले गेले. गणकयंत्र चालू असो वा नसो, घड्याळ मात्र चालू राहते. घड्याळाच्या गजराचीही त्यात सोय असते. तसेच एखाद्या गाण्याची किंवा वाद्याची धूनही त्यातून ऐकायला मिळते.

विज्ञानाच्या प्रगतीबरोबरच गणकयंत्राचा वापरही खूप वाढला. विद्यार्थ्यांना गणिते सोडविण्यासाठी गणकयंत्राचा उपयोग होऊ लागला. दुकानदारांनाही मोठ्या बिलांची आकडेमोड गणकयंत्रांवर पटकन करता येऊ लागली. ऑफिसमधील लेखापालांचे अनेक हिशेब कमी वेळात पूर्ण होऊ लागले. वैज्ञानिक, अभियंते,

लेखापाल यांच्या कामाच्या स्वरूपानुसार विशेष गणकयंत्रे बनविण्यात येऊ लागली.

पाच हजार वर्षांपूर्वीचे ॲबॅकस, साडेतीनशे वर्षांपूर्वीचे गणकयंत्र आणि पस्तीस ते चाळीस वर्षांपूर्वींचा संगणक असा गणिताच्या आकडेमोडीचा प्रवास आहे. एखादे गणित सोडविताना आपण त्याचे उत्तर मिळविण्यासाठी क्रमाक्रमाने पुढे जातो. माणसानेही आपली बौद्धिक क्षमता वाढविताना ॲबॅकस ते संगणक असा टप्प्या-टप्प्याने प्रवास केला आहे. त्यातील मधला म्हणूनच महत्त्वाचा टप्पा गणकयंत्राचा मानावा लागेल.

✳

बिनचूक वजनकर्ता

इजिप्तमध्ये एक भिंतीवरील चित्र आहे. ख्रिस्तपूर्व अडीच हजार वर्षांपूर्वीचे. त्यात दोन व्यक्ती जमिनीवर गुडघे टेकून बसल्या आहेत. त्यातील एकाच्या हातात तराजू आहे. तराजूच्या एका पारड्यात वस्तू आणि दुसऱ्यामध्ये वजन आहे. दुसरी व्यक्ती बहुधा पपायरस कागदावर वजन लिहून घेत आहे.

या चित्राच्या पुराव्यावरून तराजूचा उपयोग किती प्राचीन काळापासून होतो आहे, हे लक्षात येते. प्राणी किंवा पक्ष्याचा आकार दिलेले गुळगुळीत दगड किंवा तांब्याचा वजन करण्यासाठी वापर होई. त्याकाळी अस्तित्वात असलेल्या प्रत्येक मोठ्या गावाची स्वतःची वजन मापनाची पद्धत असे. त्यामुळे व्यापाऱ्यांकडे तऱ्हेतऱ्हेचे दगड आणि तराजू असत. लाकडी दांडीच्या दोन्ही टोकांना भोके पाडून त्यातून दोरा ओवलेला असे. या दोऱ्यांना दोन सारख्या वजनाची पारडी लावलेली असत. दांडीच्या बरोबर मध्यावर दोरी बांधून हा तराजू तयार करत. अर्थात या पुरातन तराजूची रचना जरी ओबडधोबड होती, तरीसुद्धा हल्लीच्या तराजूशी बरीच मिळतीजुळती होती. तराजूने अचूक वजन करता यावे, यासाठी अनेक शतके सतत संशोधन आणि प्रयोग झाले. कारण सोनार, रौप्यकार, सराफ यांना रोजच सोने, चांदी, विविध रत्ने यांचे वजन करण्याची प्राचीन काळापासून गरज होती.

आयझॅक न्यूटन यांनी १६८७ मध्ये प्रिन्सिपिया नावाचा जगप्रसिद्ध ग्रंथ

लिहिला आणि आधुनिक भौतिकशास्त्राचा पाया घातला. त्यामुळे संशोधकांना नवीन संशोधन करण्यास चालना मिळाली. त्याचबरोबर शास्त्रीय प्रयोग यशस्वी होण्यासाठी अचूक मोजमापे, वजने करणे आवश्यक असते याची जाणीव झाली. या गरजेतून १८ वे शतक आणि १९ व्या शतकाच्या पूर्वार्धात तराजूच्या रचनेत आणि ते तयार करण्याच्या पद्धतीत खूप सुधारणा झाल्या.

इ. स. १७०० मध्ये एक पारड्याचा तराजू तयार करण्यात आला. एका समांतर दांडीला एक पारडे जोडलेले होते. दांडीची एक बाजू आखूड आणि दुसरी लांब केलेली होती. आखूड बाजूला वजन करण्याची वस्तू ठेवत. जास्त वजनाच्या वस्तूंसाठीही तो वापरला जाऊ लागला. त्यातूनच पुढे स्प्रिंग काट्याची कल्पना प्रत्यक्षात आली. यामध्ये काट्याला जोडलेल्या दणकट आकड्याला (हुकला) वजन करायची वस्तू अडकवितात. वजनामुळे स्प्रिंग ताणली जाते आणि स्प्रिंगला जोडलेल्या दर्शकावरून काट्याला लावलेल्या मोजपट्टीवर वजन समजते.

इ. स. १७७० मध्ये इंग्लिश रसायनशास्त्रज्ञ हेन्री स्क्व्हॉडिश यांना एक तराजू हवा होता. जॉन हॅरिसन हे घड्याळ दुरुस्त करणारे व्यावसायिक विविध प्रकारचे तराजू करून बघत. त्यांनी पूर्वीच्या तराजूच्या रचनेत बदल केले. तराजूची दांडी समांतर राहण्यासाठी त्याला स्क्रू लावले. त्यानंतर जोसेफ ब्लॅक या रसायनशास्त्रज्ञाने तराजूमध्ये महत्त्वाची सुधारणा केली. त्याने तराजूच्या मध्यभागी धातूची पाचर बसविली. त्यामुळे दांडीचा टेकू जास्त काटेकोरपणे निश्चित झाला व तराजूची अचूकता वाढली.

२० व्या शतकाच्या सुरुवातीला खास कारखान्यांमध्ये वापरण्यासाठी तराजू तयार करण्यात आले. त्यात लंबकाचा उपयोग करण्यात आला. धान्याच्या गोदामातही अशा प्रकारच्या तराजूंची गरज असते. कारखान्यांमध्ये अवजड सामानाचे वजन करण्यासाठी वजनकाटा जमिनीतच लोखंडी चौकटीवर बसविलेला असतो. जकात नाक्यावरही सामानाने भरलेला ट्रकच अशा वजनकाट्यावर उभा केलेला असतो.

सोन्या-चांदीच्या वजनासाठी वापरण्यात येणारे तराजू, काचेच्या बंद पेटीत ठेवलेले असतात. कारण बाहेरच्या हवेचा, वाऱ्याच्या झुळकीचाही वजनावर परिणाम होऊ शकतो. रासायनिक पदार्थांच्या वजनासाठीही असेच तराजू असतात. त्यांना फिजिकल ॲण्ड मेडिकल बॅलन्स म्हणतात. यामध्ये अगदी लहान एक मिलिग्रॅमची वजने वापरतात. औषधनिर्मिती कारखान्यांतील तराजूही खूप संवेदनशील आणि अचूक असतात.

इलेक्ट्रॉनिक्सचे युग आले आणि वजन काट्यांमध्ये खूपच अचूकता आली. यामध्ये वजनकाट्यावर वस्तू ठेवली की, तिच्या वजनामुळे बल (फोर्स) तयार होते. त्याचे विद्युत संकेतांमध्ये रूपांतर होते आणि वजनदर्शकांकडे पाठविले जातात.

वजनाच्या आकड्यांच्या रूपात ते आपल्याला दिसतात. अर्थात या सर्व अंतर्गतप्रक्रिया खूपच वेगात होतात. हल्ली वजनकाट्यांमध्ये लहान संगणक चिप्स वापरतात. त्यामुळे वस्तूंचे वजन तर होतेच, शिवाय त्याच्या किंमतीची आकडेमोड होते. ही माहिती संगणकाकडे आणि प्रिंटरकडे पाठविली जाते. हल्ली बऱ्याच दुकानातील वजनकाट्यांमध्ये दुकानदाराला आणि आपल्याला असे दोन्ही बाजूंनी पदार्थांचे वजन किती भरले, हे दिसते.

पृथ्वीवरील प्रत्येक गोष्टीला वजन असते. हे नकळतपणे माणसाला समजले. हे वजन गुरुत्वाकर्षणामुळे प्राप्त झाले आहे, ही गोष्ट विज्ञानाने सांगितली. कित्येक टनांपासून अगदी एक ग्रॅमच्या एक दशलक्षापर्यंत इतके सूक्ष्म वजनही आपण मोजू शकतो. म्हणूनच आजच्या युगात त्याला महत्त्व आले आहे. खरं तर, माणसाने वस्तू विकायला सुरुवात केली, तेव्हापासून तराजू या वजन मोजण्याच्या साधनाला महत्त्व प्राप्त झाले आहे.

✳

बहुगुणी काचेची कुळकथा

इ. स. पूर्व ५,००० वर्षांपूर्वीची एक गोष्ट सांगितली जाते. त्या गोष्टीतील व्यापारी सिरियाच्या वाळवंटातून चालले होते. भूक लागली म्हणून मध्येच थांबून त्यांनी स्वयंपाक करायचा ठरविला. वाळवंटाच्या रेतीत चुन्याच्या दगडांची चूल मांडली. जाळ लावला. त्यावर भांडे चढवून स्वयंपाक सुरू केला. थोड्या वेळाने भांड्याखालील रेतीत त्यांना घट्ट रस दिसला. तो रस गार झाल्यावर अर्धपारदर्शक झाला. अशा तऱ्हेने काचेचा अगदी अचानक शोध लागला. व्यापाऱ्यांनी ही काच आपल्याबरोबर घेतली. सिरिया आणि इजिप्त या दोन देशांत व्यापार चालू असे. मधूनमधून युद्धेही होत. व्यापार आणि कैदी या दोन मार्गांनी काच बनविण्याची कला इजिप्तमध्ये गेली. इजिप्शियन लोकांना काचेचे खूप आकर्षण वाटले. सुरुवातीला

काचेचा गरम रस नुसता फुंकून त्याला आकार देत. नंतर त्यांनी वाळूच्या साच्यात रस ओतून वस्तू तयार करण्यास सुरुवात केली. साच्यामुळे काचकाम थोडे सोपे जाऊ लागले. ऑगस्टस सीझरने इजिप्तवर विजय मिळविला आणि खंडणी म्हणून काचेच्या कारागिरांची मागणी केली. या कारागिरांनी रोमन लोकांना काचेच्या वस्तू तयार करण्याची कला शिकविली.

रोमन लोकांनी वाळू तापवून, वितळवून खिडकीची काच तयार केली. अर्थात ती खूप जाड होती. त्याच्यातून उजेड आत येई; परंतु जास्त उजेडाला शिरकाव नसे. रोमन लोक काचेचा रस गरम असतानाच तो पसरवून ठेवत. त्यातून काचेचे सपाट पत्रे तयार होऊ लागले; परंतु काच तयार करायला खूप कष्ट पडत. शिवाय पूर्वीच्या पद्धतीला बराच वेळ लागे. वाळू तापवायच्या भट्ट्या लहान असत. तसेच वाळूचे साचेही हलक्या प्रतीचे होते. वाळूचा रस तयार करणे खूप अवघड जाई. तरी सुद्धा काचेबद्दल खूप आकर्षण वाटत असे. श्रीमंत लोक, धर्मगुरू यांना दागदागिन्यांएवढेच काचेच्या वस्तूंचे महत्त्व वाटत असे. काचेच्या भांड्यात दारू, मध आणि तेल जास्त काळ चांगल्या स्थितीत राहते, असा व्यापाऱ्यांना अनुभव येऊ लागला.

इ. स. पूर्व ३०० च्या सुमारास फुंकनळीचा शोध लागला. लोखंडी फुंकनळीच्या एका टोकाला काचेचा अर्धवट घट्ट रसाचा गोळा ठेवून फुंकत. फुंकल्याने रसात हवा शिरून त्याचा फुग्यासारखा आकार होई आणि त्यापासून वस्तू तयार करणे सोपे जाई. फुंकनळीमुळे केवळ श्रीमंतांनी वापरायच्या काचेच्या वस्तू सामान्यांपर्यंत पोहोचल्या. रोमन साम्राज्यात काचेचे व्यावसायिक खूप होते. त्यांनी काचेला रंग देणे, चकाकी आणणे, त्यावर कलाकुसर करणे अशा गोष्टी करून काचसामान बनविले. काचेचे मणी, बांगड्या, फुलदाण्या, कपबशया, उभट पेले, इ. वस्तू तयार होऊ लागल्या. म्हणूनच इ. स. पहिले शतक ते चवथे शतक हे काच व्यवसायाचे सुवर्णयुग मानण्यात येऊ लागले. रोमन साम्राज्याचा ऱ्हास झाल्यानंतर इ. स. १३०० मध्ये काचकामाची कला व्हेनिस येथील लोकांनी हस्तगत केली. त्यांनी पारदर्शक काच बनविण्यात यश मिळविले. काचेची जाडी आणि जडपणा कमी केला. काचेला मुलामा देण्यातही ते यशस्वी ठरले. हळूहळू काचकामाची कला जगभर पसरली. पंधराव्या शतकापासून काचेचे मणी तयार करण्यात येऊ लागले. इंग्लंडमधील काचकामगार जॉर्ज रॅव्हेनक्रॉफ्ट याने काचेमधील नेहमीचे घटक काही प्रमाणात बदलले आणि शिसेयुक्त काच तयार केली. ही काच सूक्ष्मदर्शकाची, दुर्बिणीची भिंगे बनविण्यासाठी फार उपयोगी ठरली. इ. स. १६८८ मध्ये फ्रान्समधील लुईस ल्युकास याने सपाट, गुळगुळीत काच तयार केली. या काचेपासून आरसे तयार करता येऊ लागले. काचेचे महत्त्व लक्षात आल्यावर ठिकठिकाणी काच तयार करण्याचे प्रयत्न चालू होते; परंतु नेहमीच चांगली काच तयार होत नव्हती. काही

वेळा त्यातील वाळू आणि इतर घटकांचे प्रमाण कमीअधिक होई किंवा काचेचा रस गार करताना त्यात हवेचे बुडबुडे येत किंवा स्फटिक तयार होत आणि काच ओबडधोबड होई. यासाठी सतत ७-८ वर्षे प्रयोग करण्यात आले. या प्रयोगांमधून काच तयार करण्यासाठी एक पद्धत ठरविण्यात आली. त्यामध्ये काचेचा रस दोन फिरत्या रुळांवरून पाठवितात. त्यामुळे काचेची सलग रिबन काढता येऊ लागली.

एडिसन यांनी विजेवर चालणारा बल्ब शोधून काढला. हे काचेचे बल्ब तयार करण्याचे महत्त्वपूर्ण काम न्यूयॉर्कमधील फ्रेड डाऊरलाईन यांनी केले. फ्रेड एका काच कंपनीत काम करत होते. गाड्यांना होणाऱ्या अपघातात गाडीच्या काचांमुळे लोकांना भयंकर जखमा होत होत्या. हे टाळण्यासाठी गाडीची पुढची काच विशिष्ट प्रकारची बनविण्यात आली. ही काच तयार करताना प्लॅस्टिक आणि सपाट काच यांचे एका आड एक असे थर दिलेले असतात. प्लॅस्टिकमुळे काचेच्या फुटलेल्या तुकड्यांना आधार मिळतो. ते पसरत नाहीत. १९०४ मध्ये स्वयंचलित बाटल्या बनविण्याचे यंत्र ओहीयातील मायकेल जे. ओवेन्स यांनी शोधून काढले. या यंत्रामुळे कमी वेळात शेकडो बाटल्या तयार होऊ लागल्या. औषधासाठी, पाण्यासाठी, घरगुती पदार्थ ठेवण्यासाठी मोठ्या प्रमाणात काचेच्या बाटल्या वापरल्या जाऊ लागल्या. दुकानांची दारे, वाहनाच्या कडेच्या खिडक्या यांसाठी साधी काच उपयोगी पडत नसल्याचे लक्षात आल्यावर, एक वेगळीच काच बनविण्यात आली. ही काच साध्या काचेपेक्षा पाचपट दणकट असते. तिला 'सुरक्षित काच' म्हणतात. ही काच फुटली तर तिचे बारीक तुकडे होतात. हे तुकडे टोकदार नसतात त्यामुळे इजा होत नाही. विसाव्या शतकाच्या सुरुवातीपासून रसायनशास्त्राचा अभ्यासही खूप वाढला. रासायनिक पदार्थ ठेवण्यासाठी काचेच्या बाटल्या वापरल्या जाऊ लागल्या. त्यासाठी फोम काच तयार करण्यात आली. या काचेत मधमाशीच्या पोळ्यासारखी रचना असते. त्यातील पोकळ्यांमध्ये हवा भरलेली असते. पातळ काचेच्या आवरणाने त्या बंद करतात. ही काच वजनाला खूपच हलकी असते. लाकडी बुचासारखी ती पाण्यावरही तरंगते.

हल्ली नव्याने बांधल्या जाणाऱ्या इमारती तर आपल्याला रंगीबेरंगी काचेचे सुंदर लोलकच भासतात. या इमारतीच्या भिंतीच काचेच्या असतात. या काचांमध्ये आत हवेचे थर असतात. त्यामुळे इमारतींमधील उष्णता आणि गारवा यांचे उत्तम नियोजन होते. लांबचे स्पष्ट दिसण्यासाठी काही लोकांना चष्मा वापरावा लागतो. त्यांना बाहेरच्या उन्हापासून बचाव करण्यासाठी वेगळ्या गॉगलची गरज असते. अशा वेळी त्यांच्या चष्म्याची भिंगेच फोटोक्रोमॅटिक काचेपासून तयार केलेली असतात. १९६४ मध्ये ही काच बनविली गेली. बाहेरच्या उजेडात ही साधी काच गॉगलचे काम करते. १९३० मध्ये अमेरिकेत काचेपासून अगदी बारीक तंतू

काढण्यात आला. हा तंतू म्हणजे काचेची बळकट काडी असते. त्याची जाडी माणसाच्या केसापेक्षाही बरीच कमी असते. काचतंतू लोकर किंवा सुती धाग्यांमध्ये घालून, त्यापासून कापड तयार करतात. आग विझविण्याचे काम करणाऱ्या लोकांचे कपडे या कापडापासून बनविलेले असतात. अणुऊर्जा केंद्रातील उत्सर्जित किरणांनी साधी काच तपकिरी होते. यावर उपाय म्हणून काच कंपन्यांनी एक नवीन, तपकिरी न होणारी काच बनविली. आता ही काच अणुऊर्जा केंद्राच्या निरीक्षण खिडकीला बसवितात.

प्राचीन काळी काच तयार करण्यासाठी लाकूड हे इंधन वापरले जाई. त्यामुळे काचेचे काम जंगलांजवळ केले जाई. १८८० पासून वाळूचा रस करण्यासाठी दगडी कोळशाचा उपयोग केला गेला. आता तर नैसर्गिक वायू वापरून काच तयार होते आहे. पोलादापेक्षाही दणकट आणि कागदापेक्षा ठिसूळ अशा विविध गुणधर्मांची काच हल्ली वापरली जाते.

दुसऱ्या महायुद्धानंतरची रॉकेलच्या दिव्यांची चिमणी ते हल्लीच्या अणुभट्ट्या अशी सर्वच क्षेत्रांत काचेची मागणी काळानुसार वाढतच गेली आहे.

❊

रबराची खबरबात

चार्ल्स गुडइयर

निसर्गाने माणसाच्या उत्कर्षासाठी मित्रत्वाचा हात पुढे करून आपल्याकडील खजिन्याची अनेक दालने खुली केलेली आहेत. अगदी प्राचीन काळापासून माणसानेही या खजिन्यातील असंख्य गोष्टींचा मोठ्या चतुराईने आपल्या फायद्यासाठी उपयोग करून घेतलेला आहे. त्यातील बहुमूल्य अशी गोष्ट म्हणजे नैसर्गिक रबर!

प्राथमिक अवस्थेतील रबराच्या ओबडधोबड वस्तू पंधराव्या शतकाच्या आधीपासून काही आदिवासी लोक किंवा जमाती बनवत होते. त्यासाठी ते विशिष्ट जातीच्या झाडाचा चीक वापरत. कोलंबस जेव्हा आपल्या नव्या जगाच्या दुसऱ्या सफरीत ईस्ट इंडिज बेटांवर उतरला, तेव्हा तेथील आदिवासी लोक खेळण्यासाठी एक चेंडू किंवा छोटा गोळा वापरत असल्याचे त्याला आढळले. हा चेंडू जमिनीवर आपटला असता उंच उडतो हे पाहून आणि तो चेंडू झाडाच्या चिकापासून बनवितात, हे ऐकून तर त्याला फारच आश्चर्य वाटले. हा लवचिक डिंक म्हणजे रबराच्या झाडाचा चीक! चीक वाळला की घट्ट बनतो आणि त्यापासून चेंडूसारख्या इतरही काही ओबडधोबड वस्तू तेथील लोक बनवू शकतात हे कोलंबसने पाहिले. त्याला या गोष्टीची फार

गंमत वाटली म्हणून त्याने अशा वाळलेल्या चिकाचा नमुना स्पेनच्या राजाला दाखविण्यासाठी आपल्याबरोबर नेला. आधुनिक जगाचा रबराशी प्रथम परिचय झाला तो अशाप्रकारे! तथापि, यापूर्वीही रबराच्या वस्तू मेक्सिकन लोक बनवत होते, असे उत्खननातील अवशेषांवरून समजते. १७५० च्या सुमारास फ्रेंच अकादमी ऑफ सायन्सेसने एक अहवाल प्रसिद्ध केला होता. त्यात रबराचे महत्त्व विशद केले होते. त्यामुळे युरोपियन लोकांना रबराबद्दल कुतूहल वाटू लागले. यानंतर अठराव्या शतकाच्या अखेरीस ईस्ट इंडिज बेटांतून युरोपमध्ये रबराची आयात होऊ लागली. रबर टिकाऊ करण्याचे मार्ग शोधण्याचा, त्यासाठी चांगले विद्राव शोधून काढण्याचे प्रयत्न सुरू झाले होते. यातूनच शिसपेन्सिलीच्या रेघा खोडण्याच्या कामी या लवचिक पदार्थाचा उपयोग होतो, असे जोसेफ फ्रिस्टले या शास्त्रज्ञाला आढळून आले. त्यामुळे त्यांनी या पदार्थाला 'रबर' असे नाव दिले.

१९ व्या शतकात रबर हा पदार्थ फार उपयोगी ठरणार, असे लक्षात आल्यानंतर निरनिराळ्या देशांनी नैसर्गिक रबराची आयात करून त्याचा काटकसरीने वापर सुरू केला. कारण त्यावेळी केवळ ॲमेझॉन खोऱ्यात आढळणाऱ्या रबराच्या झाडांपासून हे रबर मिळत होते. ते अतिशय महागडे होते. ही रबराची झाडे ब्राझीलच्या काही भागांत आढळत. आपल्या भागातील हा मौल्यवान ठेवा इतर देशांत जाऊ नये, अशी ब्राझीलच्या राज्यकर्त्यांनी काळजी घेतली होती. म्हणूनच रबराच्या झाडाच्या बिया किंवा रोपटी देशाबाहेर न जाण्याची ते विशेष खबरदारी घेत होते; परंतु एवढे सगळे अडथळे पार करून काही चतुर लोकांनी १८७५च्या सुमारास रबराची रोपे इंग्लंडमध्ये नेली. तेथून मग रबराचा सर्वत्र प्रसार होत गेला.

रबर ताणले जाते आणि पुन्हा आकुंचन पावते या त्याच्या स्थितिस्थापकत्वाच्या गुणाचा उपयोग हॅनकॉक यांनी इंग्लंडमध्ये सर्वप्रथम १८२० मध्ये मोठ्या कल्पकतेने करून घेतला. रबराच्या पातळ पट्ट्या कापत असताना रबराचे बरेच बारीक तुकडे उरतात, असे हॅनकॉक यांच्या लक्षात आले. एवढ्या मौल्यवान रबराचे असे तुकडे होऊन ते वाया कसे घालवायचे, या विचारातून त्यांनी एक छोटीशी यांत्रिक किसणी बनविली. या किसणीने रबर किसून त्याचे पातळ काप करणे सोपे जाऊ लागले. यानंतर लगेचच म्हणजे १८२३ च्या सुमारास मॅकिंटॉश यांनी कापडाला रबराचा विद्राव लावून जलाभेद्य कापड बनविण्याच्या धंद्याला सुरुवात केली; परंतु उष्णतेने रबर मऊ आणि चिकट बनते, तर फार थंड केले म्हणजे कडक आणि ठिसूळ बनते. या त्याच्या अंगभूत दोषांमुळे या कापडाचा खूप काही उपयोग होईना.

रबराचा हा दोष दूर करण्याची अद्वितीय कामगिरी चार्ल्स गुडइयर यांनी केली. टिकाऊ रबर तयार करण्याची कुणालाच माहिती नव्हती. त्यामुळे गुडइयर यांनी रबरात विविध पदार्थ मिसळून पाहिले. सतत चार वर्षे त्यांनी रबरावर प्रयोग केले

आणि रबरात गंधक मिसळून ते तापविले असता रबराला टिकाऊपणा प्राप्त होतो हा महत्त्वपूर्ण शोध लावण्यात यश मिळविले. पंधराव्या शतकात माणसाने रबराचे झाड आणि त्याचा चीक म्हणजेच रबराची माहिती मिळविली होती. त्यानंतर ३५० वर्षांनी १८३९ मध्ये टिकाऊ रबर तयार करण्याची किमया साधली. या रबरापासून अनेक टिकाऊ वस्तू तयार होऊ लागल्या.

जुन्या, टिकाऊ रबरी वस्तूंपासून पुन्हा वापरता येईल असे रबर मिळविण्याचा शोध सुरू झाला. त्यातही माणसाने यश मिळविले. अशा रबराला पुन:प्राषित रबर म्हणतात. हा शोधही उपकारक ठरला आहे. आता तर रबर उद्योगात तो एक महत्त्वाचा भाग आहे.

दुसऱ्या महायुद्धाच्या दरम्यान एक महत्त्वाची घटना घडली. 'गरज ही शोधाची जननी असते', याचा चांगला प्रत्यय आला. दोस्त राष्ट्रांनी इतर देशांना रबराचा पुरवठा बंद केला. मग त्यावर पर्याय काढण्यासाठी कृत्रिमरीत्या रबर तयार करण्यासाठी जोराचे प्रयत्न केले गेले. यातूनच मग 'संश्लेषित रबर' (सिंथेटिक रबर) तयार झाले. प्रयोगशाळेत रबर तयार करण्यात आल्यावर रबराच्या असंख्य वस्तू तयार होऊ लागल्या. प्रवास, आरोग्य, शिक्षण, करमणूक या क्षेत्रांतच नव्हे तर व्यावसायिक आणि घरगुती जीवनात रबराचा वापर आपण कोठे ना कोठे तरी सारखा करत आहोत.

रबरामध्ये चिवटपणा, दणकटपणा, स्थितिस्थापकता, जलरोधकता, घर्षणरोधकता, गाळणरोधकता असे विविध भौतिक आणि रासायनिक गुणधर्म आहेत. त्यामुळे आधुनिकतेकडून अत्याधुनिकतेकडे वाटचाल करणारे आपले राहणीमान आणि त्यानुसार परिपूर्ण आणि तंत्रशुद्ध वस्तूंची वाढत जाणारी मागणी, या दोन्ही गोष्टींचा विचार केला असता रबर उद्योगाला उज्ज्वल भवितव्य असणार आहे.

❋

धातूंचे जोडकाम

अतिप्राचीन काळी शिकाऱ्यांना दऱ्याखोऱ्यांतून, डोंगरावरून, जंगलातून फिरताना खडकांच्या आड दडलेले चकाकणारे धातू सापडत. शेतकऱ्यांना जमीन खणताना कधी कणीदार रूपात तर कधी ढिगाच्या रूपांत धातू गवसले. सोने, तांबे आणि चांदी हे तीन धातू निसर्गात धातुरूपाने आढळत असल्याने माणसाला सर्वप्रथम हेच धातू माहिती झाले. त्यांपैकी सोने व चांदी मऊ असल्याने त्यांचा हत्यारे वा शस्त्रे तयार करण्यासाठी उपयोग होत नसल्याचे माणसाच्या लक्षात आले. तांबे मात्र ठोकून ठोकून कठीण करता येते, हे तो अनुभवाने शिकला व त्यापासून धारदार हत्यारे तयार करण्यात येऊ लागली. छोट्या सुया, माशांना पकडायचे गळ, गळ्यातल्या माळा, विळा-कोयता यांसारखी अवजारे, अशा कितीतरी गोष्टी माणूस धातूंपासून बनवू लागला. भूगर्भात तसेच खडकांमध्ये कितीतरी वैशिष्ट्यपूर्ण धातू दडलेले होते. ते वेगळे काढण्याची पद्धत ख्रिस्तपूर्व ३००० मध्ये शोधण्यात आली.

या पद्धतीत एक खड्डा खणत, खड्ड्याच्या चारी बाजूंनी आतून मातीचा लेप देत. ही प्राथमिक रूपातील भट्टी होती. त्या खड्ड्यात एक थर लाकडाचा व दुसरा

थर धातूमिश्रित पाषाणांचा घालत. अशा तऱ्हेने हा खड्डा पूर्ण भरत. भट्टीतील लाकूड पेटविले जाई. त्या पेटत्या लाकडाच्या उष्णतेने धातू वितळून त्याचा रस होई व तो खड्ड्याच्या तळाशी साठत जाई. भट्टी विझल्यावर हा वितळलेला रस गार होऊन त्याचा घट्ट, टणक गोळा तयार होई. भट्टीतून हा गोळा काढून पुन्हा तापवून मऊ करत व त्याला हवा तो आकार दिला जाई. अशा पद्धतीने धातूला आकार देऊन आपल्या गरजेच्या वस्तू तयार करण्यास माणूस शिकला.

बरेचसे धातू अशुद्ध रूपात, धातू नसलेल्या पदार्थांबरोबर एकत्रित झालेले सापडत. त्यामुळे हे धातू, अधातूंपासून वेगळे करण्याचा खटाटोप सुरू झाला. यातूनच स्मेल्टिंग ही पद्धत विकसित झाली. ४००० ते ३००० ख्रिस्तपूर्व काळात शुद्ध तांबे वेगळे करण्याची पद्धत अगदी अपघातानेच सापडली. प्राचीन काळी हिरव्या रंगाचे तांबे किंवा मॅलाचाइट हा धातू सौंदर्यप्रसाधन म्हणून वापरत. एकदा हा मॅलाचाइट धातू पेटत्या कोळशांमध्ये पडला आणि काही रासायनिक प्रक्रिया होऊन शुद्ध तांब्याचा गोळा मिळाला. ही पद्धत शास्त्रशुद्ध करण्याचे श्रेय तांबे या धातूचे गाढे अभ्यासक जॉन विल्किन्सन यांच्याकडे जाते. त्यांनी आधुनिक झोतभट्टी तयार केली.

जसजसा माणसाचा विकास होत गेला, तसतशी त्याला लागणाऱ्या वस्तूंची यादी वाढत गेली. या वस्तू बनविण्यासाठी धातूला आकार देण्याचे काम सतत करावे लागू लागले. धातूला आकार देण्याचे काम, माणूस प्राचीन काळापासून करतच होता. धातूचा ओबडधोबड गोळा ठोकून, त्याचा पातळ, जाड जसा लागेल तसा पत्रा बनवायचा आणि तो वाकवून, वळवून वस्तू तयार केल्या जात. ही पारंपरिक पद्धत खूपच कष्टांची होती, तसेच त्याला वेळही खूप लागे. या कामातली पुढची पायरी म्हणजे, तापवून वितळविलेला धातू साच्यात ओतून, गार झाल्यावर तो साच्यातून काढायचा. अर्थात हे कामही कष्टप्रदच होते. शिवाय साचे तयार करायलाही अवघड जाई.

साधारणपणे इ. स. १८०० च्या सुमारास गरम वायूच्या ज्योतीने धातू वितळविण्याची पद्धत शोधली गेली. ही पद्धत हळूहळू जास्त प्रगत झाली आणि आता तर वेल्डिंग किंवा वितळजोड या पद्धतीने धातू जोडण्याचे काम फारच उत्तम होते आहे. पूर्वीपासून ते जवळजवळ १२ व्या शतकापर्यंत धातूचे तुकडे जोडण्यासाठी ते रसरशीत तापलेल्या भट्टीत अगदी पांढरे होईपर्यंत तापवत आणि गरम असतानाच दोन्ही एकत्र ठोकून सांधले जात. हा जोड अगदी पक्का होई. हे लोहारकाम वाड्या-वस्त्यांतून केले जाई. लोहाराचा भाता भट्टीला फुलवत राहून शेतीसाठी लागणारे विळे, कोयते, लोखंडी फाळ जोडून देत असे.

वेल्डिंगच्या पद्धतीत उच्च तापमानाची भट्टी तयार करून त्यातील तापमान नियंत्रित ठेवण्याचा मार्ग सापडत नव्हता. त्यासाठी एखादे यंत्र तयार करण्याची

गरज होती. सर हम्फ्री डेव्ही यांनी १८०७ मध्ये इलेक्ट्रिक किंवा कार्बन आर्क किंवा विद्युत कमान शोधली. या कमानीच्या साह्याने आर्क वेल्डिंग ही पद्धत उपयोगात आणली जाऊ लागली. १८८५ मध्ये बर्नादोस या संशोधकाने कार्बन आर्क टॉर्च शोधला. दोन धातू जोडण्यासाठी काही वेळा त्या धातूंच्या मध्ये तिसरा धातू ठेवत, त्याला 'फिलर मेटल' म्हणत. कार्बन आर्क टॉर्चने अशा प्रकारचे वेल्डिंग केले जाई. थोड्याच कालावधीनंतर दोन धातू जोडण्याचे काम करणारे एक प्राथमिक यंत्र तयार झाले; परंतु आर्क वेल्डिंग आणि वेल्डिंग मशीन या दोन्ही गोष्टींचा व्यावहारिक स्तरावर उपयोग होण्यासाठी कित्येक वर्षे गेली.

जेव्हा दोन वायूंची एकत्रित ज्योत वापरली जाऊ लागली, तेव्हा वेल्डिंग ही पद्धत जास्त परिणामकारक होऊ लागली. ऑक्सिजन व ऑसिटिलिन या मिश्र वायूंच्या ज्योतीपासून ३५००० अंश सें. एवढी उष्णता मिळवता येत होती. म्हणून ही पद्धत वेल्डिंगसाठी अनेक वर्षे उपयोगात येत होती. पहिल्या महायुद्धानंतर धातू जोडण्याच्या प्रक्रियेला विशेष महत्त्व येऊ लागले.

१९ व्या शतकाच्या शेवटी विद्युत शक्ती मोठ्या प्रमाणावर व स्वस्तात उपलब्ध झाली. तिचा उपयोग करून इलेक्ट्रिक वेल्डिंग करण्याची पद्धत व्यवहार्य ठरू लागली. धातूची दोन टोके एकमेकांवर ठेवून त्यातून विद्युत प्रवाह जाऊ देतात. दोन इलेक्ट्रोडमधील धातूचा भाग तापून पातळ होतो. त्यावर दाब देऊन त्या विशिष्ट भागातील वितळकाम पूर्ण होते. सध्याच्या इलेक्ट्रॉन युगात इलेक्ट्रॉन बीम वेल्डिंग वापरले जाते. १९५४ मध्ये एम. स्टोहर या इंजिनिअरने ही पद्धत शोधली. १९६० मध्ये शक्तिशाली लेसर किरणांचा व्यवहारात उपयोग सुरू झाला. त्यानंतर दहा वर्षांनी म्हणजे १९७० पासून लेसर वेल्डिंग ही वेल्डिंग क्षेत्रातील आधुनिक व अधिक प्रभावी पद्धत वापरली जात आहे.

वेल्डिंगचे काम म्हणजे प्रखर उजेड आणि उडणाऱ्या ठिणग्या हे आपल्या डोक्यात पक्के बसले आहे. त्यामुळे लांबून जरी हे काम चाललेले दिसले तरी आपण सहजपणे आपले डोळे दुसरीकडे वळवितो. डोळ्यांना त्रास होऊ नये म्हणून वेल्डिंगचे काम करणारे कारागीर गडद रंगाचे गॉगल्स डोळ्यांवर लावून मगच हे काम करतात.

नद्यांवरील प्रचंड पूल, धरणे, आगगाड्या, विमाने, बोटी, गगनचुंबी इमारतींची बांधणी; दूध, धुलाई काम, खते, रसायने इ. चे कारखाने, शेतीची अवजारे, घरगुती उपकरणे, फर्निचर अशा असंख्य उद्योगांचे अगणित कारखाने जगभर उभे राहिले. या उद्योगांसाठी वेगवेगळ्या धातूंचे जोड लागतात. त्यामुळेच सध्या साठ प्रकारच्या वेल्डिंग पद्धती विकसित केल्या गेल्या आहेत. यावरूनच धातुविज्ञानातील वेल्डिंग या पद्धतीला आधुनिक जगात किती महत्त्व प्राप्त झाले आहे, हे लक्षात येते.

❈

धातुयुगाची 'पोलादी' वाटचाल

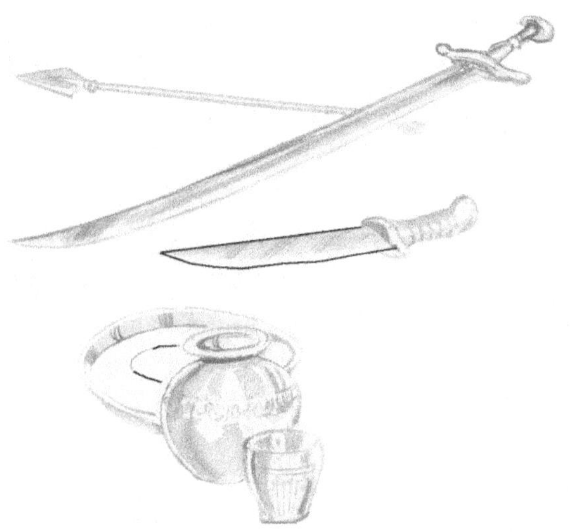

'२१ व्या शतकातही सोन्या-चांदीच्या दागिन्यांचे आकर्षण कायम'— वर्तमानपत्रातील ठळक अक्षरांतील ही बातमी आपले लक्ष वेधून घेते, परंतु ख्रिस्तपूर्व ४००० वर्षांपूर्वीच्या माणसालासुद्धा या चमकणाऱ्या धातूंनी भूल पाडली होती. तेव्हा मात्र हे धातू खडकात दडलेले होते. सोने, चांदी व तांबे हे धातू निसर्गातच धातुरूपात मिळत होते. त्यामुळे खडकात अडकलेले हे धातू वेगळे करायची खटपट प्राचीन माणसाने सर्वप्रथम सुरू केली आणि त्यात तो यशस्वीही झाला.

धातू मिळविण्यासाठी माणसाने खोल खड्ड्यात म्हणजेच भट्टीत लाकूड आणि धातूमिश्रित दगड घातले आणि ती पेटविली उष्णतेने दगडांमधील धातू वितळले. त्यांचा रस तळाशी जमा झाला. भट्टी विझली की हा रस थंड होऊन शुद्ध धातूचा घट्ट गोळा तयार होई. लोहार हा गोळा पुन्हा गरम करून ठोकून घेत. त्यामुळे तो मऊ होऊन त्याच्यापासून पाहिजे त्या आकाराची हत्यारे, दागदागिने व घरगुती वापराच्या ताटल्यांसारख्या वस्तू तयार करता येत.

दगडांपेक्षा धातूंचा जास्त चांगला उपयोग होतो, असे प्राचीन लोकांच्या लक्षात आले. तांब्याच्या तर पाती, विळे, खंजिर अशा वस्तू तयार करता येत होत्या.

म्हणूनच अजून काही धातू मिळतात का? याचा शोध सुरू झाला. उल्कापाताच्या वेळी पडणाऱ्या दगडांमध्ये लेाखंड असते, ही गोष्ट पूर्वीपासूनच माहिती असावी; परंतु हे दगड शोधायचे काम जिकिरीचे होते. त्यामुळे लोखंड या धातूचा नेहमीच तुटवडा असे. खडकांमध्ये असलेले कच्च्या रूपातील लोखंड मिळविता येईल, ही गोष्ट अनेक शतके माहिती झाली नाही. कारण भट्टीच्या तळाशी लोखंडाचा गोळा न मिळता स्पंजसारखा सच्छिद्र तुकडा मिळायचा. या तुकड्यामध्ये लोखंडाबरोबरच इतरही धातू मिसळलेले असायचे. लोखंड वेगळे काढण्यासाठी भट्टी खूप तापवली पाहिजे, ही गोष्ट बरीच वर्षे लक्षात आली नव्हती. तसेच काही भागांमध्ये तर भट्टीसाठी आवश्यक असणाऱ्या लाकडांची झाडे नसत. त्यामुळे लोखंड मिळविण्याच्या प्रयत्नांमध्ये खूप अडचणी येत होत्या.

तरीसुद्धा काही लोहारांनी आपले प्रयत्न चालूच ठेवले. तुर्कस्थानच्या पूर्व डोंगराळ भागातील लोहारांनी एक महत्त्वाचा शोध इ. स. पू. १९०० मध्ये लावला. या लोहारांनी भट्टीत लाकडांऐवजी लोणारी कोळसा वापरला. कोळशामुळे लोखंड चांगले लाल होईपर्यंत तापू लागले आणि त्याचवेळी त्यात कोळशातील कार्बनचे शोषण होऊ लागले व अतिशय कठीण धातू मिळू लागला. तो पटकन थंडगार पाण्यात टाकल्याने अधिकच कठीण व दणकट बनला.

या लोखंडापासून तयार केलेल्या सुऱ्या, तलवारी खूपच चांगल्या दर्जाच्या होत्या. त्यामुळे त्यांना वेगवेगळ्या देशांच्या राजांकडून खूप मागणी येऊ लागली. पर्यायाने या लोखंडाचा पुरवठा कमी पडू लागला. या लोहारांनी ही पद्धत शेजारच्या गावातील लोकांना शिकविली; परंतु त्यांच्यावर सिरियाच्या लोकांचे वर्चस्व होते. त्यांनी कार्बनयुक्त लोखंड किंवा बीड तयार करण्याचे गुपित कोणालाही कळू न देण्याची दक्षता घेतली होती. त्यामुळे हे लोखंड खूप महागही होते. अखेर शेकडो वर्षांचे सिरियाच्या लोकांचे वर्चस्व संपुष्टात आले आणि खिस्तपूर्व १२०० च्या काळात पूर्वेकडील लोकांनी हे साम्राज्य जिंकले. अनेक लोक जीव वाचविण्यासाठी इतरत्र पळून गेले. त्यात काही लोहारही होते. त्यांच्यामुळे इतर देशांतही लोखंडी हत्यारे तयार होऊ लागली. खिस्तपूर्व ८०० मध्ये भारतीय लोक लोखंड बनविण्याची कला शिकले. लोखंडी नांगर, कुऱ्हाड, फावडी यांच्या साहाय्याने लोक जमिनी सपाट करू लागले. तसेच झाडे कापू लागले. शिकार आणि शेती या दोन्ही कामांमध्ये खूपच प्रगती झाली. लोहयुगामध्ये माणसाच्या जीवनमानात बरेच फरक पडू लागले.

कार्बनयुक्त लोखंडातील कार्बनचे प्रमाण कमी करून स्टील किंवा पोलाद तयार करण्याचे श्रेय सर हेनरी बेसेमर यांना जाते. त्यांना 'पोलादयुगाचे प्रवर्तक' असे म्हटले जाते. हेनरी बेसेमर यांच्या वडिलांचा अक्षरांचे धातूचे साचे तयार करण्याचा

छोटा कारखाना होता. त्यामुळे हेन्री यांचे लहानपण धातुकामातच गेले. एकदा त्यांना बंदुकी तयार करण्याचे काम मिळाले. त्यासाठी दणकट धातू वापरायला हवा, असा विचार करून ते काही प्रयोग करू लागले. बेसेमर यांनी वितळलेल्या गरम लोखंडावरून हवेचा झोत सोडला आणि त्याच्या पृष्ठभागावर चमक आली. याचा अर्थ हवेमुळे वितळलेल्या धातूच्या काही भागांच्या रसांचे ज्वलन झाले होते. हा बदल पाहून बेसेमरने दाब दिलेल्या हवेचा झोत वापरला. हवेमुळे धातूतील कार्बन, सिलिकॉन इ. ची ऑक्साईड्स तयार झाली. त्यातील कार्बन डायऑक्साईड हवेत मिसळला व इतर धातूंची ऑक्साईड्स पृष्ठभागावर जमा झाली. ती सहजपणे काढता आली. या ज्वलनक्रियेला कोणत्याही इंधनाची गरज नव्हती. शिवाय त्यात तयार झालेल्या उष्णतेचा उपयोग धातू वितळलेल्या रूपात राहण्यासाठी झाला. या सर्व प्रक्रियेला केवळ अर्धा तास लागत होता. बेसेमरची ही पद्धत इंधनाचा खर्च आणि वेळ वाचविणारी ठरली.

बेसेमर पद्धतीतही कालांतराने बरेच बदल करण्यात आले. धातुशास्त्र आणि इलेक्ट्रॉनिक्समधील प्रगतीमुळे उत्कृष्ट दर्जाचे पोलाद करणे शक्य झाले आहे. इलेक्ट्रॉनिक सूक्ष्मदर्शकामुळे पोलादाची अंतर्गत रचना आणि गुणधर्म अधिक चांगले तपासता येतात. विद्युत भट्टीमुळे भट्टीचे तापमान कमी-अधिक ठेवता येते. तसेच पोलादामध्ये वेगवेगळे धातू मिसळून संमिश्र पोलाद बनविता येऊ लागले आणि अशा प्रयत्नातूनच हॅरी ब्रेअर्ले या संशोधकाकडून स्टेनलेस स्टील तयार झाले.

१९१३ मध्ये हॅरी यांनी तोफांच्या नळ्या अधिक मजबूत करण्यासाठी संशोधन सुरू केले. त्यासाठी पोलादात कोबाल्ट, मँगेनीज, क्रोमियम इ. अनेक प्रकारचे धातू कमी-अधिक प्रमाणात मिसळून हॅरी प्रयोग करत होता; परंतु त्याला काही हवे तसे पोलाद बनविता येत नव्हते. शेवटी त्याने वैतागून ते तुकडे निरुपयोगी म्हणून प्रयोगशाळेतील कोपऱ्यात टाकून दिले. पुढे ५-६ महिन्यांनी त्याने सहज कोपऱ्यातले तुकडे काढून पाहिले तर त्यातील काही तुकडेच स्वच्छ चकचकीत राहिले होते. इतर तुकडे मात्र पार गंजून गेले होते. हॅरी यांनी ते तुकडे गोळा केले आणि हा गंजविरोधी गुण फक्त या तुकड्यांमध्ये कसा, या प्रश्नाने त्या संशोधकाला अगदी अस्वस्थ केले आणि त्या दिशेने संशोधन करण्यात तो गढून गेला. त्याने क्रोमियम आणि निकेल हे दोन्ही धातू असणारे गंजविरोधी स्टेनलेस स्टील तयार केले. त्याच्या गंज न लागणाऱ्या गुणधर्मामुळे रासायनिक उद्योग आणि स्वयंपाकघरात त्याचा मोठ्या प्रमाणात वापर सुरू झाला.

आजच्या युगात पोलादाचे एक दशलक्ष उपयोग आहेत. वेगवेगळ्या उपकरणांमधील नाजूक स्प्रिंगपासून पूल बांधणीतील अवाढव्य तुळयांपर्यंत विविध प्रकारचे पोलाद वापरले जाते. वैद्यकशास्त्रातील उपकरणे तसेच हजारो टन वजनाची प्रचंड जहाजे

बनविण्यासाठी पोलादाचा उपयोग होतो. खडकांमधून धातू वेगळे करण्याची कला माणसाने शिकली आणि तेव्हाच आधुनिक जगाचा आरंभ झाला. उत्तरोत्तर धातुविज्ञानात प्रगती होत गेली आणि जग अत्याधुनिकतेकडे वाटचाल करू लागले. या सर्वांचा परिणाम म्हणजे जगाच्या अर्थशास्त्राला पोलादाने 'पोलादी चौकट' मिळवून दिली.

✳

प्रयत्ने जमीन खणता तेलही मिळे

मोटारगाड्या, विमाने, ट्रक, आगगाड्या, जहाजे, शेतीची यंत्रे चालवायची आहेत?

वीजनिर्मिती करायची आहे?

औषधे, गालिचे, पडदे, कपडे धुवायचे साबण, प्लॅस्टिक, रबर, खेळणी, सौंदर्य प्रसाधने, कृत्रिम धागे... अशा विविध गोष्टी तयार करायच्या आहेत?

तर या सर्वांसाठी खनिज तेल लागते. म्हणून शरीराला जसे रक्त आवश्यक आहे, तसेच औद्योगिक क्षेत्राला खनिज तेल किंवा पेट्रोलियम आवश्यक आहे, असे म्हटले तर ती आता अतिशयोक्ती ठरणार नाही.

खडकात आढळणाऱ्या नैसर्गिक तेलाला खनिज तेल म्हणतात. या तेलाचे शुद्धीकरण करून गॅसोलिन किंवा पेट्रोल, रॉकेल व इंधनवायू मिळवितात.

खनिज तेलाचा वापर हजारो वर्षांपासून होत आहे; परंतु इ. स. १८०० मध्ये त्याची खरी ओळख झाली. प्राचीन इजिप्शियन ममीज व्यवस्थित गुंडाळण्यासाठी घट्ट खनिज तेल वापरत. अमेरिकेत गोरे लोक येण्यापूर्वी जळण आणि औषध म्हणून कच्च्या तेलाचा उपयोग करत. इ. स. १६०० च्या सुमारास पेनसिल्व्हानिया-

मधून प्रवास करणाऱ्या प्रवाशांना तेथील लोक तळ्याच्या पृष्ठभागावरून तेल गोळा करताना आढळत. या गोष्टीचा अमेरिकन वसाहतवाल्यांनी शोध घेतला तेव्हा त्यांना न्यूयॉर्क व त्याच्या आजूबाजूच्या भागात तेलाचे पाझर सापडले.

इ. स. १८५४ मध्ये कॅनेडियन भूगर्भशास्त्रज्ञ अब्राहम जेन्सर याने खनिज तेलातून रॉकेल हे इंधन मिळविले आणि १८५९ मध्ये रॉकेलच्या दिव्याचे युग सुरू झाले. या बदलामुळे खनिज तेलाला महत्त्व प्राप्त झाले. पृथ्वीच्या पोटातील तेलाचे साठे शोधण्याचे प्रयत्न सुरू झाले. थोडे अनुभवी लोक तेलाच्या पाझराचा शोध घेत आणि त्या ठिकाणी खणायला सुरुवात करीत. खणण्यासाठी ते फावडे, अणकुचीदार काट्यासारख्या कांबी अशी साधने वापरीत. जादू होऊन किंवा नशिबाने जमिनीतील तेल किंवा पाणी सापडते, अशी काही लोकांची समजूत होती. या समजुतीला एडविन एल् ड्रेक नावाच्या रेल्वे कर्मचाऱ्याने धक्का दिला. ड्रेक यांनी नोकरीच्या निमित्ताने अनेक भागांत प्रवास केला होता. निवृत्तीनंतर काही नवीन काम करून पाहावे, असा त्यांनी विचार केला आणि त्यानुसार टिस्टुक्विल या ठिकाणी तेलाचा शोध घेण्यासाठी शास्त्रशुद्ध पद्धतीने खोदण्यास सुरुवात केली. जुन्या वाफेच्या इंजिनाच्या साह्याने त्यांनी सुमारे २२ मीटर खोल खणले. यापूर्वी कोणीही एवढे खोल खणून तेलाचा शोध घेतला नव्हता. २७ ऑगस्ट १८५९ या दिवशी या विहिरीत तेल सापडले. आधुनिक खनिज तेल उद्योग खऱ्या अर्थाने या दिवशी सुरू झाला, असे म्हणता येईल. या विहिरीच्या आसपासच्या भागातही लोकांनी खोल विहिरी खणल्या आणि तेथेही तेलाचे साठे मिळाले. हे तेल शुद्ध करण्यासाठी मालगाड्या व लोखंडी मालवाहू जहाजातून ॲटलांटिक समुद्राच्या किनाऱ्यावर आणले जाई. तेलाचे साठे वाढल्यामुळे चांगल्या वाहतूक व्यवस्थेची गरज भासू लागली. म्हणून १८६५ मध्ये पहिला तेलवाहू पाईप बसविण्यात आला. टिस्टुक्विलपासून रेल्वेस्टेशनपर्यंतचे अंतर ८ कि. मी. एवढ्या लांबीचा हा पाईप होता.

२० व्या शतकाच्या अगदी सुरुवातीला जागतिक महत्त्वाच्या दोन घटना घडल्या. एक म्हणजे रॉकेलच्या दिव्यांची जागा विजेवर चालणाऱ्या दिव्यांनी घेतली आणि मोटारगाड्यांचे प्रमाण वाढले. त्यामुळे रॉकेलची मागणी घटली व गॅसोलिनची किंवा पेट्रोलची मागणी वाढली. तोपर्यंत गॅसोलिन हा एक निरुपयोगी पदार्थ समजून नदीत, तळ्यांमध्ये ओतून दिला जाई.

पहिल्या महायुद्धात युद्धसामग्रीएवढेच महत्त्व खनिज तेलाला मिळाले. दुसऱ्या महायुद्धानंतर जगभर उद्योगधंदे वाढले, लोकसंख्या वाढली, वाहतूक वाढली. खनिज तेलासाठी उत्खनन हा महत्त्वाचा व अत्यंत उपयोगी उद्योग सुरू झाला. त्या दृष्टीने भूगर्भाचा जोमाने अभ्यास होऊ लागला.

ज्या भागात तेल मिळण्याची शक्यता वाटते, त्या ठिकाणचे विमान आणि उपग्रहाच्या मदतीने फोटो घेण्यात येतात. त्यावरून जमिनीच्या पृष्ठभागाचा अगदी बारीकसारीक गोष्टींसह नकाशा तयार करण्यात येतो. नंतर आतील भागाचे निरीक्षण करण्यासाठी खडकांमध्ये गिरमिट (ड्रिलिंग) केले जाते. खडकांचे नमुने गोळा केले जातात. खडकाची रचना, त्याचा प्रकार, त्यातील पाण्याचे प्रमाण इ. गोष्टींचा अभ्यास केला जातो. या सर्व माहितीच्या आधारे विहीर खणण्यासाठी निश्चित जागा आणि तिचा आकार ठरवितात. तेलाची विहीर खणणे हे खूप जिकिरीचे आणि खर्चाचे काम असते. त्यासाठी भूगर्भाचा सूक्ष्म व सविस्तर अभ्यास करण्याची आवश्यकता तंत्रज्ञांच्या लक्षात आली. त्यानुसार विविध उपकरणे तयार करण्यात आली. विशिष्ट गुरुत्वमापक, चुंबकमापक ही त्यांपैकी काही उपकरणे आहेत. कंपकाच्या साह्याने जमिनीच्या खाली किती वेगाने ध्वनिलहरी प्रवास करतात, याचाही अभ्यास करण्यात येऊ लागला. अशा तऱ्हेने तेलविहीर खोदायची म्हणजे जणू काही एखाद्या रुग्णावर शस्त्रक्रिया करायची अशा पद्धतीने पूर्वतयारी करण्यात येते.

प्रत्यक्ष विहीर खणण्यासाठी वेगवेगळ्या प्रकारचे छिद्रक (बिट्स) वापरतात. मजबूत, जाड, लांब पोलादी पाईपला दुसरे पाईप जोडता येतात. विद्युत मोटारीच्या साह्याने ही सर्व यंत्रणा फिरवितात. छिद्रक बऱ्याच प्रकारचे व लांबीचे असतात. कठीण खडकांसाठी छिद्रकाला औद्योगिक हिरे वापरतात. हे काम चालू असताना पोकळ पाईपमधून पाणी व चिखल आत सोडतात. पाण्यावर खालील खडकाचा भुगा तरंगतो. तो काढून घेऊन तपासतात. त्यावरून आतील परिस्थितीबाबत अधिक अंदाज येतो. चिखलामुळे छिद्रकाला मदत होते. शिवाय विहिरीच्या भिंतीही लिंपल्या जातात.

समुद्रात तेलविहिरी खणण्याचे फार मोठे आव्हान माणसाने स्वीकारले आणि यशस्वी करून दाखविले. समुद्राच्या लाटा, वादळे यांना तोंड द्यावे लागते. शिवाय समुद्रातील प्रवाह, भरती-ओहोटी, समुद्रावरील वाळूच्या हालचाली यांचेही परिणाम लक्षात घ्यावे लागतात. समुद्रातील छिद्रण पूर्णपणे पाण्यात करावे लागते. पाण्याच्या हेलकाव्यांमुळे पक्का आधार मिळत नाही. खाऱ्या पाण्यातील क्षारांचा रासायनिक परिणाम तेलविहिरींवर होऊ नये याची काळजी घ्यावी लागते. कधी आगीही लागतात. अशा अनेक अडचणींना तोंड देत समुद्राच्या तळाखालील तेल शोधले जाते व ते मिळविण्यासाठी तेलविहिरी बांधल्या जातात.

या कामासाठी एक भलामोठा मंच किंवा फलाट बांधितात. तो लाटांच्या वर थोड्या अधिक उंचीवर असतो. त्याचे पाय समुद्रात खोल रोवलेले असतात. या प्रशस्त, मजबूत मंचावर विहीर खोदण्यासाठीचे सर्व साहित्य तर असतेच शिवाय

हे काम करणाऱ्या तंत्रज्ञांसाठी सर्व सुखसोयी पुरविलेल्या असतात. वैद्यकीय सुविधा व करमणुकीची साधने असतात. हेलिकॉप्टर उतरविण्यासाठी जागा ठेवलेली असते. तरते मंच जहाजावर बसविलेले असतात. ते एका ठिकाणाहून दुसऱ्या ठिकाणी नेता येतात.

काही तेलफलाट किनाऱ्यावर बांधलेले असतात. ते पाण्यात अर्धवट बुडलेले असतात. पाण्याच्या लाटांनी हेलकावे बसू नयेत म्हणून त्यांच्या पृष्ठभागाखाली हवेच्या प्रचंड टाक्या असतात. मोठमोठ्या साखळदंडांनी हे फलाट समुद्राच्या तळाशी बांधलेले असतात. हे तेलफलाट इकडून तिकडे हलविता येतात.

खनिज तेलाला 'काळे सोने' असेही म्हटले जाते. या अत्यंत किमती आणि मौल्यवान सोन्याचा शोध घेताना अनेक अडचणी व गंभीर धोक्यांना तोंड द्यावे लागते. नवीन आव्हाने स्वीकारायची, त्यासाठी नवे तंत्रज्ञान शोधायचे ही प्राचीन माणसाने चालू केलेली पद्धत आधुनिक माणसानेही सुरू ठेवली आहे. तेलविहिरी हे त्याचे उत्तम उदाहरण आहे.

✴

सर्वव्यापी प्लॅस्टिक

विसाव्या शतकाला कृत्रिम साधनांचे युग म्हटले जाते. कारण या शतकात प्लॅस्टिक, कृत्रिम धागे, कृत्रिम रबर, विशेष गुणधर्मांचे संमिश्र पदार्थ, कृत्रिम डिंक अशा अनेक गोष्टी प्रयोगशाळेत यशस्वीरीत्या तयार करण्यात आल्या. भौतिकशास्त्र आणि रसायनशास्त्रातील नवीन शोधांमुळे आणि सखोल अभ्यासाने ही प्रगती साधता आली. या शोधांपैकी प्लॅस्टिकने आपले आयुष्य व्यापून टाकले आहे.

या बहुगुणी, बहुपयोगी प्लॅस्टिकला रसायनशास्त्राच्या भाषेत बहुवारिके किंवा पॉलिमर्स म्हणतात. प्रयोगशाळेत पॉलिमर्स तयार करताना त्यातील मुख्य रेणू कार्बनचा असतो. निसर्गात पॉलिमर्स तयार करण्याचे काम विशिष्ट प्रकारचे कीटक करतात. वनस्पती पेशींमध्ये आढळणाऱ्या सेल्युलोजपासून सेल्युलॉइड हे सर्वांत पहिले प्लॅस्टिक तयार केले गेले. सेल्युलोज हा निसर्गात आढळणारा जैविक पदार्थ त्यासाठी वापरण्यात आला. सल्फ्युरिक आणि नायट्रिक आम्लात सेल्युलोज विरघळविले आणि त्यात कापूर घातला. कापरामुळे तयार झालेला पदार्थ लवचिक बनला.

प्लॅस्टिक तयार करण्याचा पहिला प्रयत्न १८६२ मध्ये अलेक्झांडर पार्कीज याने केला. हे प्लॅस्टिक म्हणजे एक कठीण, मऊ पृष्ठभाग असलेला पदार्थ होता;

परंतु त्याला वेगवेगळे आकार देता येत होते. या प्लॅस्टिकला 'पार्केझाइन' असे नाव देण्यात आले. सुरुवातीच्या प्लॅस्टिकचे रूप हस्तिदंतासारखे होते. त्यामुळे त्याला 'आव्होराइड' असेही म्हणत. त्याच्यापासून सुरी, चाकू यांच्या मुठी आणि कंगवे तयार केले जात. हळूहळू हस्तिदंताला पर्याय म्हणून सेल्युलॉइड प्लॅस्टिकचा उपयोग लोक करू लागले. बिलियर्ड, टेबल-टेनिस खेळाचे चेंडू, पावडरचे गोल डबे अशांसारख्या वस्तू त्यापासून तयार केल्या जात. तरीसुद्धा लोकांनी या पदार्थाकडे फारसे लक्ष दिले नाही. १८८९ मध्ये जॉर्ज इस्टमन याने फोटोग्राफिक फिल्मसाठी हे प्लॅस्टिक वापरले. दुर्दैवाने सेल्युलॉइड पटकन पेट घेई. त्यामुळे बऱ्याच वेळा नुकसान होई.

पूर्णपणे कृत्रिम प्लॅस्टिक १९०९ मध्ये अमेरिकन केमिस्ट लिओ बेकलॅन्ड याने तयार केले. बेल्जियममध्ये जन्मलेला लिओ रासायनिक पदार्थांपासून प्लॅस्टिक तयार करण्याची खटपट करत होता. हे प्लॅस्टिक गरम केले की मऊ होत होते. लिओने डांबरात असणाऱ्या फेनॉल, फॉर्मल्डेहाइड यापासून ज्वालाग्राही नसलेले प्लॅस्टिक तयार केले. या प्लॅस्टिकला 'बॅकेलाइट' हे नाव देण्यात आले. विद्युतविरोधक गुणधर्मांमुळे प्लॅस्टिकचा खूप उपयोग होऊ लागला.

व्हिनाइल क्लोराइड या वायूपासून पीव्हीसी हे बहुवारिक तयार केले. १९१३ मध्ये जर्मन प्रोफेसर क्लॅटे यांनी हा प्रयोग केला. वीस वर्षांनी पीव्हीसीचे महत्त्व लक्षात येऊन त्यापासून बुटाचे सोल, धागे, पाण्याचे पाइप, छोट्या-मोठ्या बाटल्या तयार करण्यात येऊ लागल्या. १९२२ मध्ये जर्मन रसायनशास्त्रज्ञ हर्मन स्टाऊडिंजर याने बहुवारिकांची अंतर्गत रचना उलगडून दाखविली. बहुवारिकांमध्ये हजारो, लाखो अणूंच्या लांबलचक शृंखला असतात आणि त्यातूनच सर्वस्वी नवीन पदार्थ तयार होतो. स्टाऊडिंजर यांना या शोधाबद्दल १९५३ चे रसायनशास्त्राचे नोबेल पारितोषिक मिळाले.

प्लॅस्टिक या ग्रीक शब्दाचा अर्थच मुळी आकार देता येण्याजोगे किंवा साचायोग्य असा आहे आणि या गुणधर्मामुळे प्लॅस्टिक बहुपयोगी ठरले आहे. प्लॅस्टिक कुजत नाही, तसेच लोखंडासारखे गंजत नाही. वजनाला हलके असते. प्लॅस्टिकला कोणताही आकार आणि कुठलाही रंग देता येतो. बहुतेक प्रकारचे प्लॅस्टिक विद्युतप्रवाहाचे दुर्वाहक असतात. अशा विशिष्ट गुणधर्मांमुळे प्लॅस्टिकला बहुगुणी म्हणण्यात येते.

प्लॅस्टिकचे मुख्य दोन प्रकार पाडण्यात आले. एक म्हणजे थर्मप्लॅस्टिक आणि दुसरे म्हणजे थर्मासेट प्लॅस्टिक. थर्मप्लॅस्टिक गरम केल्यावर मऊ व घट्ट होते आणि गार होताना पुन्हा घनरूप बनते. तसेच ते पुन्हा:पुन्हा वितळविताही येते. थर्मासेट मात्र एकदा तयार झाल्यावर पुन्हा वितळविता येत नाही. पाण्याला विरोध

करणारे किंवा जलरोधी कागद, लाकूड किंवा कापड तयार करण्यासाठी प्लॅस्टिकचा एक पातळ थर दिला जातो. याला कॅलेंडरिंग पद्धत म्हणतात. कंगवे, प्लॅस्टिकची खेळणी तयार करण्यासाठी इंजेक्शन-साचा पद्धती वापरतात.

प्लॅस्टिक अनेक लहान छिद्रांतून जोरात ढकलले जाते आणि त्यापासून कृत्रिम धागा तयार करतात. प्लॅस्टिकचे धागे लांबच लांब, सलग निघतात. १९५३ पासून टेरिलिनचे तंतू प्रचारात आले. टेरिलिनचे सूत इतर प्रकारच्या सुतामध्ये मिसळून टेरिवुल, टेरिकॉट, टेरिफ्लेक्स अशी विविध प्रकारची कापडे तयार करता येऊ लागली. वॉलिस ह्यूम कारदर्स या रसायनशास्त्रज्ञाने सर्वप्रथम नायलॉन हा तंतू तयार केला. कारदर्सने मॉलिक्युलर स्टील नावाच्या एका मशिनवर काम करीत असताना नॉयलॉन बनविले. नायलॉन हा धागा कृत्रिम सिल्कसारखा असतो. तो विणून नायलॉनचे कापड जसे बनविता येते, त्याचप्रमाणे एकमेकांत गोल गुंफून दोरही बनविता येतात. हा दोर स्टील केबलएवढाच दणकट असतो. दगडी कोळसा आणि खनिज तेल या पदार्थांत नायलॉन तंतूकरिता लागणारी मूलभूत रसायने सापडतात. टिकाऊपणा, मजबुती आणि चमक या वैशिष्ट्यांमुळे नायलॉनचे असंख्य उपयोग होतात. व्हिनाइल संयुगाच्या विशिष्ट समूहांपासून ॲक्रेलिकचे तंतू तयार केले गेले. अत्यंत चिवट अशा या ॲक्रेलिकच्या तंतूंवर उच्च तापमानाचा आणि हवेतील वायूंचा, रसायनांचा काहीही परिणाम होत नाही. अणुकेंद्रांतून निघणाऱ्या भेदक किरणांचाही ॲक्रेलिकवर परिणाम होत नसल्याने अणुभट्ट्यांमध्ये ॲक्रेलिकच्या वापराला फारच महत्त्व आहे. दातांची कवळी, गाड्यांचे दिवे, चष्म्याच्या काचा अशा गोष्टी तयार करण्यासाठी ॲक्रेलिकचा उपयोग होतो.

एका पदार्थांपिक्षा दोन पदार्थ एकत्र करून नवीन पदार्थ तयार केला तर तो अधिक वैशिष्ट्यपूर्ण आणि उपयुक्त बनतो. हे लक्षात आल्यावर काच, रबर, युरिया यांसारख्या पदार्थांत प्लॅस्टिक मिसळून नवीन, विशेष गुणधर्मांचे पदार्थ तयार करण्यात आले.

मेलामाइन आणि युरिया प्लॅस्टिक हे रंगहीन, बेचव आणि अग्निविरोधक या गुणधर्मांचे असतात. कपबशा व इतर काचसामान, दिव्याच्या शेड तयार करण्यासाठी मेलामाइन प्लॅस्टिक वापरतात. युरिया प्लॅस्टिक हे डिंक तयार करायला उपयुक्त ठरते.

अगदी केसासारखे बारीक काचेचे तंतू प्लॅस्टिकमध्ये घालून अतिशय बळकट असे प्लॅस्टिक तयार होते. त्याला 'फायबर ग्लास' असे म्हणतात. बोटीचे सांगाडे, गाड्या, फर्निचर, मासेमारीचे दांडे या प्लॅस्टिकपासून बनवितात. १९२४ मध्ये बेकर आणि स्किनर यांनी सेंद्रीय काच तयार केली. पुढे दहा वर्षांनी 'फ्लेक्सिग्लास' या नावाने या काचेचे उत्पादन सुरू झाले. १९२० मध्ये

प्लॅस्टिक फोम किंवा पॉलिस्टायरीनचा शोध लागला. त्याचे दोन प्रकार आहेत. एक - कडक फोम आणि दुसरे - वजनाला हलके आणि सच्छिद्र असते. हल्ली चहा पिण्यासाठी वापरण्यात येणारे पॉलिस्टायरीनचे पांढरे कप आपल्या चांगल्याच परिचयाचे आहेत. लहान मुलांची खेळणी व पेन तयार करण्यासाठी पॉलिस्टायरीन वापरतात. सर्व दृष्टीने हे प्लॅस्टिक मुलांसाठी सुरक्षित आहे.

ड्यू पॉन्ट कंपनीने १९३८ मध्ये टेफ्लॉन हे बहुवारिक शोधून काढले. धातूवर याचा थर दिला जातो. या अत्यंत गुळगुळीत पदार्थावर कुठल्याही पदार्थाचा, द्रवाचा, रंगाचा परिणाम होत नाही. त्यामुळे टेफ्लॉन थराची नॉनस्टिक भांडी घरोघरी दिसतात. त्याचप्रमाणे औद्योगिक क्षेत्रातही टेफ्लॉनला फार महत्त्व मिळाले आहे.

बुद्धिमत्तेच्या जोरावर, विज्ञानाच्या साह्याने माणसाने प्लॅस्टिकचा शोध लावला. याच प्लॅस्टिकच्या वजनाला हलक्या आणि रंगीबेरंगी वस्तूंनी आता आपल्या अवतीभवतीचे सर्व जग व्यापून टाकले आहे.

❋

टेफ्लॉनचा थर

डॉ. रॉय प्लंकेट

डोसा, आंबोळी, धिरडी हे पदार्थ घरी तयार करायचे म्हटले की तव्यावर चिकटलेले पीठ आणि अर्धामुर्धा डोसा किंवा त्याचे भाईबंद ताटलीत, असा अनुभव अगदी नेहमीचा. ही परिस्थिती पालटविण्याचे काम केले नॉन-स्टिकच्या किंवा निलेंपच्या तव्याने. तव्याशी कायम सलगी ठेवून, करणाऱ्याची परीक्षा बघणारे हे पदार्थ अगदी सहजपणे करण्याचे नैपुण्य आपल्याला या तव्याने मिळवून दिले. हे निलेंपचे तवे म्हणजे काय? तर या तव्यावर एका विशिष्ट पदार्थाचा लेप दिलेला असतो आणि या पदार्थाचे नाव आहे टेफ्लॉन. या टेफ्लॉन शोधाची किमया घडली आहे एका पदवीधर तरुणाकडून. त्याचे नाव रॉय प्लंकेट.

६ एप्रिल १९३८ ही तारीख डॉ. रॉय प्लंकेट यांच्या आयुष्यात फार महत्त्वाची ठरणार होती, याची त्यांना पुसटशीही कल्पना नव्हती. विज्ञानाची पदवी मिळवून त्यांनी ड्यू पॉन्ट संशोधन प्रयोगशाळेत नोकरी धरली. वेगवेगळ्या वायूंचा अभ्यास येथे चालत होता. रॉय प्लंकेट आपल्या सहकाऱ्यांबरोबर प्रयोगशाळेतील संशोधनात मग्न होते.

एखाद्या बंद डब्याला भोक पाडले, तर डब्यातील हवा जोरात बाहेर येते आणि त्याचा आपल्याला आवाज ऐकू येतो. ही गोष्ट अनुभवाने आपल्या लक्षात आलेली आहे. एके दिवशी प्रयोगशाळेत काम करताना डॉ. रॉय प्लंकेट यांना टेट्राफ्लुरोएथिलिन वायूने भरलेला एक बंद डबा उघडायचा होता. त्यासाठी त्यांनी डब्याला भोक पाडले. डब्यात असलेला वायू बाहेर पडताना खरं तर आवाज व्हायला हवा होता; परंतु काहीच आवाज झाला नाही. असं कसं झालं? असे वाटून डॉ. प्लंकेट यांनी कुतूहलाने त्या डब्याचे झाकण चक्क कापून काढले आणि डब्यात त्यांना पांढऱ्या रंगाची तेलकट पावडर आढळली.

ही पावडर कसली असावी, या विचाराने त्यांनी प्रयोगशाळेत या पांढऱ्या पदार्थाच्या अनेक चाचण्या घेतल्या. डब्यातील वायूचे एकदम पॉलिमरायझेशन झाले होते, असा त्यांनी निष्कर्ष काढला. म्हणजेच या वायूंमधील रेणूंचे लांब लांब शृंखलांमध्ये रूपांतर झाले होते.

या नव्या पदार्थाचा अभ्यास करताना प्लंकेट यांना त्याचे अनेक चांगले गुणधर्म लक्षात आले. या पदार्थावर दुसऱ्या कुठल्याही पदार्थाचा किंवा द्रवाचा परिणाम होत नाही; तसेच त्याला कुठलाही वास नाही की रंगही नाही. आम्ल पदार्थाच्या सान्निध्यात हा पदार्थ कुठलीही प्रतिक्रिया दाखवीत नव्हता. त्याच्यावर गंजही चढत नव्हता; तसेच त्याची झीज होत नव्हती.

प्लंकेट यांनी हा सर्व अभ्यास, संशोधन कंपनीच्या वरिष्ठ अधिकाऱ्यांच्या नजरेस आणून दिले. ड्यू पॉन्ट कंपनीने या अनमोल गुणधर्म असलेल्या नव्या पदार्थाचे नाव 'टेफ्लॉन' असे ठेवले. टेफ्लॉनची रासायनिक संरचना आणि गुणधर्मांनी अनेक औद्योगिक तज्ज्ञांना आकर्षित केले. १९३८ मध्ये या पॉलिटेट्राफ्लुरोइथायलिन किंवा टेफ्लॉन याचा शोध लागला; परंतु ते सहजपणे बाजारात उपलब्ध होण्यास १९४८ साल उजाडले.

युद्धकाळात तर टेफ्लॉनचा थर दिलेल्या भांड्याला फार महत्त्व आले. कारण अणुबॉम्ब तयार करण्यासाठी युरेनियम २३५ हा एक आवश्यक घटक आहे; परंतु युरेनियम २३५ हे एखाद्या साध्या भांड्यात ठेवले तर गंजण्याची किंवा झिजण्याची क्रिया घडते. ते टाळण्यासाठी युरेनियम २३५ हे टेफ्लॉनच्या भांड्यात ठेवण्यात येऊ लागले. युद्धकाळात टेफ्लॉनचा उपयोग गुप्तपणे केला जात होता.

टेफ्लॉन अतिशय गुळगुळीत आहे. त्यामुळे त्याला दुसरा कुठलाही पदार्थ चिकटत नाही. म्हणूनच हा थर लावलेली भांडी, फ्रायपॅन, तवे स्वयंपाकघरात उपयुक्त ठरले आहेत. शिवाय टेफ्लॉनची उपकरणे स्वच्छ करायला सोपी जातात; तसेच ती स्वच्छ करण्यासाठी वापरण्यात येणारी पावडर किंवा साबणासारखे पदार्थही कमी लागतात. ही गोष्ट पर्यावरणाच्या दृष्टीने हिताची आहे.

औद्योगिक क्षेत्रात तर टेफ्लॉन वरदान ठरले आहे. कर्बपोलाद, अॅल्युमिनियम, स्टेनलेस स्टील, मॅग्नेशियम इ. धातूंबरोबर ग्लास, काही प्रकारचे रबर यावर टेफ्लॉनचा थर बसविता येतो. त्यामुळे अन्नप्रक्रिया कारखान्यांमध्ये तसेच उच्च तापमानाला भाजण्यासाठी टेफ्लॉन थराची उपकरणे उपयोगी पडतात. उच्च तापमानालाही टेफ्लॉन अजिबात दाद देत नाही. त्याच्या गुणधर्मात कोणतेही बदल होत नाहीत. हल्ली टेफ्लॉनची टणक फिल्म तयार करण्यात संशोधकांना यश मिळाले आहे. ती भिंतीवरही लावता येते.

औषधे तयार करण्याच्या कारखान्यात तसेच जैवतंत्रज्ञान क्षेत्रातील कामासाठी नेहमीची स्टेनलेस स्टीलची किंवा काचेची उपकरणे न वापरता टेफ्लॉनने बनविलेली उपकरणे वापरतात. त्यामुळे तयार होणाऱ्या उत्पादनाची शुद्धता, स्वच्छता, टिकाऊपणा वाढला आहे. शिवाय देखभालीचा खर्चही कमी झाला आहे.

टेफ्लॉनवर विद्युत प्रवाहाचा काहीही परिणाम होत नाही. त्यामुळे उष्णतेचा दुर्वाहक म्हणून विद्युत क्षेत्रातही त्याला मागणी आहे. विशेषत: नवीन नेटवर्क तयार करताना, स्थिर विद्युतप्रवाह मिळविण्यास याचा चांगला उपयोग होतो. या क्षेत्रात अधिकाधिक टेफ्लॉनचा वापर करण्यासाठी प्रयत्न चालू आहेत.

एका पदवीधर तरुणाने आपल्या कामात दाखविलेल्या सजगतेने टेफ्लॉनचा शोध लागला. केवळ कुतूहलापोटी 'असे का?' या प्रश्नाचा त्याने पाठपुरावा केला आणि विज्ञान क्षेत्रात बहुमोल कामगिरी केल्याचे श्रेय मिळविले.

*

जोडण्याची अजोड किमया

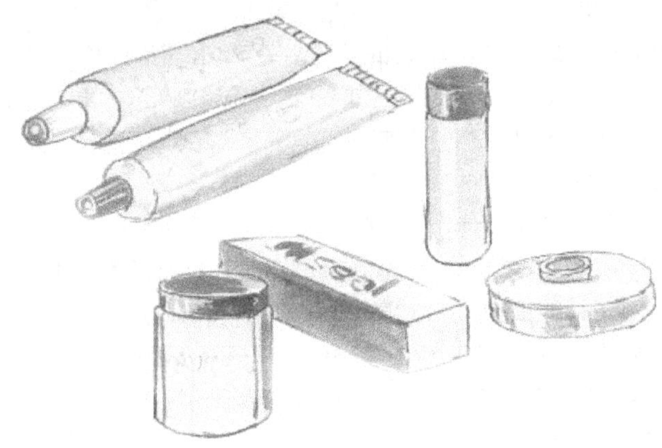

तुम्हाला दूरदर्शनवरच्या फेव्हिकॉलच्या जाहिराती आठवतात का? हत्तीचे बळ, मासे पकडायचे गळ अशा वेगवेगळ्या कल्पना लढवून फेव्हिकॉलच्या चिकटपणाला दुसरा कोणताही पर्याय नाही, ही गोष्ट ते आपल्याला ठामपणे दाखवून देत असतात. या जाहिरातींमध्ये एक वाक्य असते - 'ये फेव्हिकॉलका जोड है, टुटेगा नही।'

काय असते हे फेव्हिकॉल, तर पांढरा शुभ्र, चिकट, अर्धवट घट्ट पदार्थ! हे आपल्याला त्याच्या रंगरूपावरून कळते; परंतु शास्त्रीय भाषेत त्याला आसंगी पदार्थ किंवा चिकटवण म्हणतात. इंग्रजीत त्याला अॅडेसिव्ह (Adhesive) असा शब्द आहे. धातू, लाकूड, काच, कागद, काँक्रिट, सिरॅमिक्स, कातडे, रबर, प्लॅस्टिक अशा सर्व पदार्थांसाठी जोडकाम करण्याची महत्त्वाची कामगिरी हे आसंगी पदार्थ करतात. दोन सारखे किंवा वेगवेगळ्या गुणधर्मांचे पदार्थ किंवा वस्तू जोडण्याची किमया करणाऱ्या आसंगी पदार्थांना सध्या सर्वच क्षेत्रांत जोरदार मागणी आहे.

आसंगी पदार्थ ही काही नवी संकल्पना नाही. बायबलमध्येही त्याचा उल्लेख आढळतो. ख्रिस्तपूर्व १३००चे एक इजिप्तमधील कोरीवकाम आहे. त्यात एका कारागिराने लाकडी झाड कोरले असून, त्याला छोटी पातळ लाकडी पाने तो चिटकवत आहे, असे दाखविले आहे. आपण आता जसे कागद एकावर एक ठेवून एका बाजूने चिकटवून वह्या तयार करतो, तशाच प्रकारच्या वह्या प्राचीन काळी

पपायरस या कागदाच्या करत असत. त्यासाठी पीठ आणि पाणी शिजवून तयार केलेली खळ वापरत. मधमाशीचे मेण, डांबर हे नैसर्गिक आसंगी पदार्थ शेकडो वर्षे उपयोगात आणले जात होते. हे पदार्थ संरक्षक आवरण तसेच भेगा बुजविण्यासाठी किंवा पदार्थ जोडण्यासाठी वापरले जात. मध्ययुगीन चित्रकार चित्राला चमक येण्यासाठी विविध आकारांतले सोन्याचे पातळ पत्रे किंवा वर्ख चिकटवत. ते चिकटविण्यासाठी अंड्यातील पांढरा बलक वापरत. मासे, प्राण्यांची शिंगे यांपासून काढलेल्या सरसाचा उपयोग लाकडाचे वेगवेगळे भाग चिकटवायला करत.

१८ व्या शतकात प्राण्यांच्या हाडापासून आसंगक तयार करण्यासाठी एक पद्धत रूढ होती. यामध्ये मोठ्या काचेच्या गोल भांड्यात हाडांचे तुकडे भरत. भांड्याला घट्ट बसेल असे झाकण लावत. हवा आत न जाईल याची काळजी घेतली जाई. झाकणाच्या खाली एक झडप असे. त्यातून उच्च दाबाची वाफ आत सोडण्यात येई. एका हॅन्डलच्या साह्याने भांडे हळूहळू गोल फिरविले जाई. वाफ आणि सतत हलणाऱ्या प्रक्रियेत हाडे विरघळत. त्याचे चिकट रसात रूपांतर झाले की, भांडे फिरविण्याचे थांबवत. चिकट रस किंवा सरस भांड्याच्या तळाशी जमा होई. भांड्याला लावलेल्या नळातून तो खाली ठेवलेल्या बादलीत जमा करत. असा हा प्राण्यांच्या हाडांपासून तयार केलेला सरस पुस्तक बांधणी, लाकूड जोडणी यासाठी खूप उपयोगी पडे. कालांतराने कागदाच्या पट्टीला हा सरस लावून, तो वाळवला जाऊ लागला. अशा तऱ्हेने बनविलेल्या चिकटपट्ट्यांना खूप वास येई. म्हणून त्यात काही रासायनिक पदार्थ मिसळण्याचे प्रयोग करण्यात आले. दुसरा नैसर्गिक आसंगी पदार्थ म्हणजे केसिन सरस! दुधामध्ये केसिन नावाचे प्रथिन असते. केसिन दुधातून वेगळे करून त्यावर प्रक्रिया करत. त्याचा उपयोग रंगामध्ये आणि वार्निशमध्ये चांगला होत असे. अजून एक आसंगी पदार्थ म्हणजे खाटीकखान्यातील रक्त! लाकडाच्या पातळ लांब तुकड्यांमध्ये या रक्ताचा थर देत. या तुकड्यांवर खूप दाब दिला जाई. अशा पद्धतीने प्लायवूड तयार करत. १९ व्या शतकात रबर आणि वनस्पतींमधील सेल्युलोजपासून कृत्रिम आसंगी पदार्थ बनविले जाऊ लागले.

१९६० नंतर आसंगी पदार्थांची मागणी खूप वाढली. त्यासाठी विशेष संशोधन हाती घेण्यात आले. आसंगी पदार्थांनी दोन पृष्ठभाग चिकटविण्याच्या कामात नक्की काय प्रक्रिया घडते, याचा शोध घेण्यास सुरुवात झाली. यामध्ये दोन्ही पृष्ठभागांवरील कणांमध्ये अत्यंत जवळीक साधली जाते. अर्थात दोन्ही पृष्ठभाग जेवढे स्वच्छ, गुळगुळीत असतील तेवढे ते जास्त चांगले चिकटले जातात. तसेच अर्धवट पातळ आसंगी पदार्थ पृष्ठभागावर व्यवस्थित लावता येतात. पृष्ठभागाच्या सर्व लहानमोठ्या फटींमध्ये भरले जाऊन जोड बळकट होतो.

१९०९ मध्ये बेकेलाइट नावाचा पहिला कृत्रिम प्लॅस्टिक पदार्थ प्रयोगशाळेत

तयार झाला. त्याचा उपयोग संयोगी पदार्थ म्हणून होऊ लागला. लाकडावर फॉरमायकासारखे प्लॅस्टिक चिकटविता येऊ लागले. त्याच्यामुळे लाकडावर पाण्याचा किंवा हवेचा कोणताही परिणाम होत नाही. घरातील लाकडी सामान तसेच बोटी तयार करताना ते वापरतात.

बऱ्याच वेळा औषधाच्या बाटल्यांना लवचिक असा जाड कागद बाहेरून गुंडाळलेला असतो. हा कागद तयार करताना पातळ कागदाचे थर एकमेकांना चिकटविलेले असतात. पुस्तकांना जाड पुठ्ठे चिकटविण्यासाठी आणि बूट तयार करण्याच्या उद्योगात आसंगी पदार्थांमुळे खूप सोपेपणा आला आहे.

हल्ली आपण कितीतरी ठिकाणी चिकटपट्टी वापरतो. अगदी विजेच्या जोडकामापासून ते डॉक्टरांकडे असलेल्या जखमेवर लावण्याच्या टेपपर्यंत! कागदावर डिंक लावून तो वाळवून गरज पडेल तेव्हा ओला करून वापरण्याची कल्पना अमेरिकेचे वैज्ञानिक थॉमस अल्वा एडिसन यांना सुचली. अर्थात त्याला कारणही तसेच झाले. एकदा एडिसन यांनी दोन कागद चिकटविण्यासाठी डिंक वापरला; परंतु थोडा डिंक बोटांना तसाच राहिल्याने बोटे चिकट झाली. एडिसन यांना ही गोष्ट काही आवडली नाही. कल्पक एडिसन यांनी आपल्या सहायकाला कागदाच्या पट्ट्यांना एकसारखा नीट डिंक लावायला सांगितला. थोड्यावेळाने पट्ट्यांवरील डिंक वाळला. त्यांनी सहायकाला बोट पाण्याने ओले करून त्या डिंकपट्टीवर फिरवायला लावले, पाण्यामुळे डिंक ओला होऊन त्या पट्टीने दोन कागद एकमेकांना चिकटविता आले. एडिसन यांचा प्रयोग यशस्वी झाला. आता कागदी चिकटपट्टी ही अगदीच सर्वसामान्य गोष्ट वाटते; परंतु तेव्हा ती नवलाईची होती. पोस्टाची तिकिटे आणि पाकिटे चिकटवण्यासाठी ती थोडी ओलसर केली की काम भागते, हा आपला सर्वांचाच अनुभव आहे. आता तर प्लॅस्टिकच्या पारदर्शी टेपची रिळंही लहान मोठ्या आकारात सहजपणे मिळतात.

हल्ली वाहनांमधील धातूच्या सुट्या भागांची जागा उत्कृष्ट दर्जाच्या प्लॅस्टिकच्या भागांनी घेतली आहे. प्लॅस्टिकच्या भागांची जोडणी करण्यासाठी रासायनिक प्रक्रियांनी तयार केलेले विशेष संयोगी पदार्थ वापरतात. त्यामुळे वितळजोडचे (वेल्डिंग) काम कमी झाले आहे. २० व्या शतकात विमाने बनविण्याच्या उद्योगात संयोगी पदार्थांची मोलाची मदत होत असल्याचे लक्षात आले. कारण विमानाच्या उत्तम जोडणीवर माणसाचे जीवन-मरण अवलंबून राहू शकते. वेगवान फिरण्यामुळे विमानाच्या अनेक भागांची सतत झीज होत असते. त्यामुळे त्याची एकूणच बांधणी खूप दणकट होणे गरजेचे असते. बदलत्या हवामानात विमानाची बांधणी टिकून राहण्यासाठी रसायनतज्ज्ञांनी 'इपॉक्सी रेझिन' नावाचा नवीन संयोगी पदार्थ तयार केला.

इपॉक्सी रेझिन हे उत्तम वीजविरोधक असतात. त्यामुळे त्यांचा उपयोग विजेवर

चालणाऱ्या आणि इलेक्ट्रॉनिक्स उपकरणांमध्ये होतो. तसेच दंतशास्त्र, हाडांच्या आणि मेंदूच्या शस्त्रक्रियांमध्येही त्याचा वापर सुरू झाला आहे. टाके न घालता 'क्रेझी ग्लू' नावाच्या एका इपॉक्सी रेझिनच्या प्रकाराचा डॉक्टर उपयोग करू लागले आहेत. अर्थात हे अतिशय कौशल्याचे काम आहे. कारण या संयोगी पदार्थांची चिकटविण्याची क्षमता खूपच उत्तम असते. त्यामुळे तेथे चूक होऊन चालणार नसते.

हल्ली खाद्यपदार्थ कितीतरी सुंदर, आकर्षक रंगातल्या प्लॅस्टिकच्या पाकिटांमध्ये मिळतात. फळांच्या रसाचे डबे, लोणच्यांची पाकिटे, वेफर्सची पाकिटे ही प्लॅस्टिक व धातूची पातळ पाने (फॉइल) एकमेकांना आसंगी पदार्थांनी चिकटवून तयार केलेली असतात. या लवचिक पाकिटांनी धातूच्या किंवा काचेच्या बरण्या, बाटल्यांची जागा घेतली आहे.

✳

आकाशाशी जडले नाते

इटलीतील पाडुआ शहरात, एक खगोलशास्त्रज्ञ, रात्रीच्या निरभ्र आकाशात प्रकाशाचा एक ठिपका अतिशय कुतूहलाने पाहत होता. त्या शास्त्रज्ञाचे नाव गॅलिलिओ गॅलिली! गॅलिलिओ यांनी स्वत: एक दुर्बीण तयार केली होती. या नव्या दुर्बिणीतून ते गुरु ग्रहाचा वेध घेत होते. गुरुशेजारी चार लहान तारेही चमकताना दिसत होते. हे चार तारे म्हणजे गुरुचे चंद्र होते. हे दृश्य पाहताना गॅलिलिओ यांना अत्यंत आनंद झाला होता. दुर्बिणीच्या साह्याने दूरचे अवकाश त्यांना पाहायला मिळत होते. म्हणूनच तो ७ जानेवारी १६१० हा दिवस गॅलिलिओ यांच्या आयुष्यात फार महत्त्वाचा ठरला होता. गॅलिलिओ यांनी हस्तिदंताच्या चौकटीत एक लहान भिंग बसविले होते. ही दुर्बीण बनविण्याची कल्पना त्यांना एका बातमीमुळे सुचली.

हॅन्स लिपरशे नावाच्या माणसाचे हॉलंडमध्ये चष्म्याचे दुकान होते. एक दिवस हॅन्स यांनी सहजच काही अंतरावर ठेवलेल्या दोन बहिर्गोल भिंगांमधून पाहिले. त्यांना भिंगांच्या पलीकडे जरा लांब अंतरावर असलेली दुकानातली वस्तू जवळ असल्याचा भास झाला. पुन्हा पुन्हा पाहिल्यावर त्यांना हाच अनुभव आला. म्हणून त्यांनी एक

पोकळ नळी घेऊन तिच्या दोन्ही टोकांना एक एक बहिर्गोल भिंग बसविले. ही भिंगे बसविलेली नळी किंवा दूरदर्शक लोकांसाठी नवलाईचा विषय झाला. चष्मे तयार करणारी मंडळी असे दूरदर्शक बनवू लागले. लोकही गंमत म्हणून ते विकत घेऊ लागले. या दूरदर्शकाची वार्ता रोममध्ये राहणाऱ्या गॅलिलिओ यांच्याकडे गेली. त्यांनी स्वतःच्या कल्पकतेने एक दूरदर्शक किंवा दुर्बीण तयार केली आणि थेट आकाशाकडे पाहिले. त्यातून त्यांना आकाशातील कितीतरी गोष्टी पाहायला मिळू लागल्या.

गॅलिलिओ यांनी तयार केलेल्या पहिल्या दुर्बिणीने मूळ वस्तू तिप्पट मोठी दिसत होती. ही दुर्बीण त्यांनी व्हेनिस शहराच्या व्यवस्थापक मंडळाला दाखविली. शत्रूच्या जहाजाच्या हालचाली पाहायची चांगली सोय झाली, असे लक्षात आल्यावर त्या मंडळाने गॅलिलिओला अजून दुर्बिणी बनवायला पैशांची मदत केली. गॅलिलिओ यांनी तयार केलेल्या दुर्बिणीतून मूळ वस्तू तिप्पट मोठी दिसत होती. एका महिन्यांत त्यांनी अजून दोन दुर्बिणी तयार केल्या. तिसऱ्या दुर्बिणीतून मूळ वस्तू बत्तीसपट मोठी पाहता येऊ लागली. या दुर्बिणीतून गॅलिलिओ यांनी चंद्रावरील पर्वत, सूर्यावरील डाग, गुरुचे उपग्रह, शनिची वलये, आकाशगंगेतील ताऱ्यांची गर्दी, इ. आश्चर्यकारक गोष्टी पाहिल्या आणि लोकांनाही दाखविल्या.

सूर्यमालेसंबंधी अधिक माहिती करून घेण्यात दुर्बिणीची फार मदत झाली. उघड्या डोळ्यांनी दिसणाऱ्या शनी या ग्रहापलीकडील ग्रह दुर्बिणीमुळे पाहता आले. १७८१ मध्ये जर्मन खगोलशास्त्रज्ञ विल्यम हर्शेल यांनी युरेनस या नवीन ग्रहाचा शोध लावला. १८४६ मध्ये नेपच्यून या ग्रहाचा शोध उत्कृष्ट दुर्बिणीमुळेच लागला.

पूर्वी तयार होत असलेली भिंगे साधारण प्रतीची होती. त्यातून प्रतिमा अंधुक दिसत. तसेच ही काचेची भिंगे लोलकासारखी काम करत. त्यामुळेच प्रकाशकिरण जाताना रंगांचा पट्टा दिसे. हे दुर्बिणीतले दोष कमी करणे महत्त्वाचे होते; परंतु भिंगे वापरून तयार केलेल्या दुर्बिणीमधील दोष घालविणे अवघड आहे, असे सर आयझॅक न्यूटन यांना वाटले. म्हणून १६६८ मध्ये त्यांनी पहिली परावर्ती (रिफ्लेक्टिंग) दुर्बीण बनविली. यामध्ये भिंगांच्याऐवजी आरशांचा उपयोग केला होता. सुरुवातीच्या परावर्ती दुर्बिणीतील आरसे, घासून चकाकी आणलेल्या धातूचे असत. या आरशांकडून प्रकाशाचे परिवर्तन कमी होई. तसेच काही दिवसांनी त्याच्यावर डाग पडत. १७५७ मध्ये अपवर्तनी (रिफ्रॅक्टिंग) दूरदर्शी तयार करण्यात आली. दोन वेगळ्या मिश्रणांनी बनविलेली काचेची भिंगे यामध्ये बसविलेली होती. या दुर्बिणीत रंगाची किनार येण्याचे प्रमाण कमी झाले. खगोलशास्त्रज्ञांना या दुर्बिणी फार उपयोगी पडू लागल्या.

१९ व्या शतकाच्या शेवटी काचेवर चांदीचा लेप दिलेले आरसे तयार होऊ लागले. या आरशांमध्ये धातूंच्या आरशांपेक्षा अधिक स्पष्ट प्रतिमा मिळू लागल्या.

दुर्बिणीमध्ये अजून एक मोठा बदल १९३० मध्ये झाला. अमेरिकन अभियंता कार्ल जॉन्स्की यांनी रेडिओ दुर्बीण तयार केली आणि अवकाशाचा देखावा पाहण्यासाठी अजून एक खिडकी उघडली गेली. कार्ल जॉन्स्की हे ब्रेल टेलिफोन कंपनीत काम करत होते. उत्तर अटलांटिक प्रदेशात रेडिओ फोनच्या कामात इतर आवाजांमुळे बरेच अडथळे येत होते. हे आवाज का आणि कोठून येतात, हे शोधून काढण्याचे काम जॉन्स्की यांच्यावर सोपवले होते. जॉन्स्की यांनी आवाजाचे संकेत गोळा करण्यासाठी एक उपकरण बनविले होते. या उपकरणामुळे जॉन्स्की यांना शिटीसारखा परंतु पूर्वी कधीही न ऐकलेला अवकाशातून येणारा आवाज ऐकायला मिळाला. त्याविषयी सखोल संशोधन करून जॉन्स्की यांनी आकाशगंगेच्या मध्यातून हा आवाज येत असल्याचे शोधून काढले. हे संशोधन खूप नवीन आणि कुतूहल निर्माण करणारे ठरले. अमेरिकन अभियंता ग्रॉट रेबर यांनी या संशोधनाचा आधार घेऊन पहिली रेडिओ दुर्बीण तयार केली आणि आपल्या घराच्या अंगणात बसविली. त्याला चार मीटर व्यासाची खोलगट बशीसारख्या आकाराची ॲन्टेना लावली होती. सतत दोन वर्षे चिकाटीने प्रयत्न करून रेबरला रेडिओ लहरी मिळविण्यात यश आले. त्यानंतर या दुर्बिणीच्या साह्याने रेबरने आपल्या आकाशगंगेचा नकाशा काढला आणि तो प्रकाशित केला. रेबरच्या या संशोधनाने दुसऱ्या महायुद्धानंतर रेडिओ खगोलशास्त्र ही खगोलशास्त्राच्या अभ्यासाची नवीन शाखा उदयाला आली.

रेडिओ दुर्बिणी तयार होण्यापूर्वी प्रकाशीय दुर्बिणींच्या साह्याने आकाशगंगेचा अभ्यास करण्यात येत होता; परंतु आकाशगंगेतील धुळीमुळे प्रकाशकिरणे अडविली जात होती. मात्र, रेडिओ दुर्बिणींचा अवकाशातील अद्भुत गोष्टी समजून घेण्यास फार उपयोग होऊ लागला. तसेच अवकाशातील बहुतेक सर्व वस्तू रेडिओ लहरी उत्सर्जित करतात, असे लक्षात आल्यावर मोठमोठ्या आणि प्रगत रेडिओ दुर्बिणी बांधण्यात आल्या. आकाशातील अतिदूर अंतरावर असणाऱ्या दोन वस्तू एकत्र असल्याचा भास होतो. विशाल आकाराच्या रेडिओ दुर्बिणीमुळे त्या वेगळ्या करून पाहता येऊ लागल्या आणि त्यांचा अभ्यास करणे शक्य होऊ लागले. अर्थात अतिमोठ्या दुर्बिणी बांधायला नेहमीच शक्य होत नाही. यावर उपाय म्हणून दोन छोट्या दुर्बिणी एक किलोमीटर अंतरावर परस्परांना जोडून ठेवतात. अशा अनेक दुर्बिणी जोडून दुर्बिणींची साखळी तयार करतात. अशा पद्धतीने रेडिओ दुर्बिणींची कार्यक्षमता वाढविली जाते. दुर्बिणी मोठमोठ्या घुमटांमध्ये बसविलेल्या असतात. रात्री या घुमटांमध्ये एक फट तयार करतात. सबंध घुमट फिरवून दुर्बिणीतून आकाशाचे निरनिराळे भाग पाहिले जातात. अद्ययावत दुर्बिणी संगणकाद्वारे नियंत्रित करतात.

अमेरिकेतील ॲरेकिबो शहरातील ॲरेकिबो वेधशाळेत १९७४ मध्ये रेडिओ

दुर्बीण बसविण्यात आली. या दुर्बिणीची तबकडी (डिश) निरनिराळ्या दिशांना फिरविता येत नाही. या दुर्बिणीतून अथांग अवकाशात एक संदेश पाठविण्यात आला आहे. अवकाशात जर कुठे जीवसृष्टी असेल तर आपल्या संदेशाला उत्तर मिळेल असे संशोधकांना वाटते. अर्थात माणसाच्या २५०० पिढ्या उलटल्यावर कदाचित याचे उत्तर मिळणार आहे!

पृथ्वीवरील सतत बदलणाऱ्या वातावरणामुळे दुर्बिणीच्या कामात अडथळा येतो. यावर उपाय म्हणून पृथ्वीच्या वातावरणाबाहेर एक दुर्बीण ठेवण्यात आली आहे. २४ एप्रिल १९९० रोजी 'डिस्कव्हरी' या स्पेस शटलमार्फत हबल अवकाश दुर्बीण अवकाशात सोडली आहे. ही दुर्बीण विश्वाच्या वयाचा अंदाज, त्याचे मोजमाप, परग्रहांचा शोध, अशा कितीतरी प्रकारचा अभ्यास करते आहे. माणसाची बुद्धिमत्ता, इच्छा, आकांक्षा आणि कुतूहल यांचे दुर्बीण हे प्रतीक आहे. तिच्या साह्याने माणसाने आकाश हीच मर्यादा या विचारावर मात केली. आकाशाच्याही पलीकडे अजून काही असावे आणि त्याचा वेध घ्यायला हवा, असा नवा विचार मांडला आहे.

✻

पृथ्वीचे आरसे

वाटोळी पृथ्वी आणि तिच्याभोवती समुद्राच्या पाण्याचा वेढा, असा पृथ्वीचा पहिला नकाशा प्राचीन ग्रीक लोकांनी काढला. आपण राहतो ती पृथ्वी आहे तरी केवढी आणि कशी, या दोन प्रश्नांचे कुतूहल खि.पू. काळातील लोकांना स्वस्थ बसू देत नव्हते. नद्या, समुद्र, डोंगर, जंगल, पशुपक्षी आणि मधूनमधून वसलेली माणसांची वस्ती, असे पृथ्वीचे रूप होते. एका ठिकाणाहून दुसऱ्या ठिकाणी जायचे अंतर, लोक दोन दिवस - पाच दिवस असे वेळेच्या भाषेत व्यक्त करत. त्यानंतर लांबीच्या भाषेत अंतरे मोजली जाऊ लागली. प्रवास करताना लोकांना जाण्या- येण्याचा मार्ग लक्षात यावा, यासाठी बिबिलियन लोकांनी नकाशा तयार केला. त्यांनी, एखाद्या वर्तुळाची ३६० सारख्या भागात विभागणी करता येते, हे दाखवून दिले. पृथ्वीचा आकारही गोल मानून हा नकाशा काढलेला होता. बिबिलियन लोकांनी हा नकाशा एका मातीच्या विटेवर कोरला होता. त्यात एक नदी, तिचे तीन फाटे आणि दोन बाजूस पर्वत दाखविले होते. नकाशात, उत्तर, पूर्व आणि पश्चिम दिशा वर्तुळांनी दाखविल्या होत्या. अर्थात दिशा अंदाजाने कोरल्या होत्या. कारण त्या काळी लोकांना अचूक दिशा सांगता येत नव्हत्या. १३ व्या शतकानंतर

होकायंत्राच्या शोधामुळे नकाशात अचूक दिशा दाखविणे शक्य झाले.

इजिप्शियन लोकांनी जमिनीची पाहणी करणे, त्यांच्या सीमा दाखविणे, यामध्ये बरीच प्रगती केली होती. नाईल नदीला दर वर्षी पूर येई. त्यामुळे काठावरच्या लोकांना आपापल्या जमिनीची पुन्हा मोजमापे घेऊन त्या ताब्यात घ्याव्या लागत. यासाठी त्यांनी जमिनीचे नकाशे तयार केले होते. ग्रीक लोकांचा भूमितीचा विशेष अभ्यास होता. तसेच पृथ्वी गोलाकार आहे, असा त्यांना विश्वास वाटत होता. ग्रीक गणितज्ञ इरॅटोथिनीस याने आकडेमोड करून पृथ्वीचा परीघ ठरविला. ख्रि.पूर्व २५० वर्षांपूर्वी या गणितज्ञाने ठरविलेला पृथ्वीचा परीघ खूपच अचूक ठरला. मेरिनस या शास्त्रज्ञाने अक्षवृत्ते व रेखावृत्ते यांची नकाशावर जाळी काढण्याची पद्धत विशेष सुधारली. या सर्व अभ्यासाचा उपयोग करून भूगोलाचा ग्रीक अभ्यासक क्लाडियस टोलेमी याने नकाशा तयार करण्याच्या कामात फार मोलाची भर घातली. त्याने 'जिऑग्राफी' नावाचे आठ खंड प्रसिद्ध केले. त्यात जगातील अनेक भागांचे नकाशे काढले आणि ८००० स्थळांची यादी त्यांच्या अक्षांश रेखांशाबरोबर दिली. टोलेमीने नकाशासंबंधीच्या अनेक सूचनाही यामध्ये दिल्या.

त्यानंतर बरीच वर्षे नकाशे काढण्याच्या कामात प्रगती झाली नाही. कारण हाताने नकाशे काढण्याचे काम फार कष्टाचे व अवघड होते. इ. स. १४०० नंतर नकाशाशास्त्रात बरीच प्रगती झाली. कारण टोलेमीच्या जिऑग्राफी ग्रंथाचे लॅटिन भाषेत भाषांतर झाले. छपाई यंत्राचा शोध लागला आणि वेगवेगळे देश शोधण्याच्या या काळात बऱ्याच मोहिमा निघाल्या. १४९२ मध्ये ख्रिस्तोफर कोलंबसने एका नव्या जगाचा, अमेरिकेचा शोध लावला आणि १५०७ मध्ये जगाच्या नकाशावर अमेरिकेचे नाव आले. त्या काळी समुद्रपर्यटक होकायंत्राचा उपयोग करत, जलप्रवास करत. तसेच ते फिरत असलेल्या भागाचे, लहान प्रदेशांचे नकाशे काढत. असे छोटे छोटे नकाशे एकत्र करून मोठे नकाशे तयार होत. हे नकाशे अधिक शास्त्रशुद्ध, योग्य प्रमाण वापरून काढण्याची फार आवश्यकता होती. हे काम करण्यासाठी १७९१ मध्ये ब्रिटनमध्ये एक संस्था स्थापन झाली. समुद्र किनाऱ्यांचे सर्वेक्षण करून त्यांनी नकाशे काढले. तसेच जगातील वेगवेगळ्या देशांची लोकसंख्या दाखविणारे नकाशे तयार केले. त्यात दाट किंवा विरळ लोकवस्ती असणाऱ्या भागांना वेगळ्या खुणा करण्याचेही तंत्र वापरले.

१८५५ मध्ये जॉन स्नो या इंग्रज डॉक्टरने लंडन शहर आणि आजूबाजूच्या भागाचा एक वेगळाच नकाशा बनविला. त्या वर्षी प्रत्येक भागातील किती माणसे कॉलऱ्याने दगावली याची माहिती काढली. प्रत्येक मृत माणसासाठी नकाशावर एक ठिपका काढला. लंडनच्या ब्रॉडस्ट्रीटवरील पाणीपुरवठा केंद्राच्या आसपासचा भाग ठिपक्यांनी गच्च भरला होता. त्यावरून त्या पाणीपुरवठा केंद्रातून कॉलऱ्याची साथ

पसरली, असा निष्कर्ष काढता आला आणि जॉन स्नो याने असे नकाशे वैज्ञानिक संशोधनासाठी कसे उपयुक्त असतात हे दाखवून दिले.

हाताने नकाशे काढताना त्यात चुका होत आणि त्या दुरुस्त करणे अवघड जाई; परंतु कागदावर छापण्याचे तंत्र आणि फोटोग्राफी या दोन महत्त्वाच्या शोधाने नकाशे सहजतेने आणि कमी किमतीत तयार होऊ लागले. सुरुवातीला कागदावर आणि त्यानंतर प्लॅस्टिक फिल्मवर रेघा काढून नकाशा पूर्ण केला जाई. नकाशामध्ये चिन्हांचा मोठ्या प्रमाणात वापर होऊ लागला. ठिपके, रंगीत छोटी वर्तुळे, त्रिकोण, चौकोन, झाड, ढग, अशा कितीतरी चिन्हांनी नकाशा वाचायला सोपा जाऊ लागला. १८५८ मध्ये हवाई फुग्यात बसून हवाई छायाचित्र (एरियल फोटोग्राफी) काढण्याचा पहिला प्रयत्न झाला. त्यातून विमानातून जमिनीची पाहणी करण्याची कल्पना सुचली. पुढे विमानशास्त्रात प्रगती झाल्यावर या कामासाठी स्वतंत्र विमाने बनविण्यात येऊ लागली. या विमानामध्ये उत्तम दर्जाचे फोटो टिपणारे स्वयंचलित कॅमेरे बसविलेले असतात. या कॅमेऱ्यासाठी अवरक्त फिल्म वापरतात. या फिल्मच्या वापराने हवेतील धूसरपणा न येता दूरवरच्या अगदी लहान गोष्टी स्पष्ट दिसतात. यामध्ये विमान एकाच उंचीवरून उडवितात आणि सतत छायाचित्रे घेतली जातात. नंतर ही छायाचित्रे जोडून, खालच्या भूभागाचे सलग जोडचित्र तयार करतात. त्यात खनिज तेल, पाण्याचे साठे, जंगल, शेती, नद्या अशा कितीतरी नैसर्गिक संपत्तीची ठिकाणे दिसतात.

हल्ली संगणकाचा उपयोग करून नकाशे काढतात. त्यासाठी संगणकाला पेन-इंक-प्लॉटर नावाचे उपकरण जोडलेले असते. मूळ नकाशा, हवाई छायाचित्रे किंवा प्रत्यक्ष भौगोलिक पृष्ठभाग पाहून मिळविलेली माहिती संगणकात साठविली जाते. या माहितीचा उपयोग करून नकाशे काढतात. लेसर किरणांच्या साह्यानेही नकाशे काढतात.उपग्रहामुळे पृथ्वीची अचूक मोजमापे मिळत आहेत. त्याचा फायदा उत्तम, प्रमाणशीर नकाशे काढण्यासाठी होतो आहे.

अनेक नकाशे एकत्र करून नकाशासंग्रह तयार करतात. या संग्रहाला जी. एम. फ्लेमिश या नकाशाकाराने 'ॲटलास' हे नाव दिले आणि तेच पुढे रूढ झाले. नकाशाचे तंत्र विकसित झाल्याने आता तऱ्हेतऱ्हेचे नकाशे तयार होतात. रस्ते, जल आणि हवाई वाहतुकीसाठी नकाशाचा खूप उपयोग होतो. जगातल्या प्रत्येक देशातील डोंगर, नद्या, तळी, जंगलं आपण नकाशात शोधू शकतो. लोकसंख्या, पर्जन्यमान, जगातले खनिज तेलाचे साठे, असे अनेक विषयवार नकाशे भूगोलाच्या अभ्यासाला उपयुक्त ठरतात.

१९८३ ते १९८८ या काळात फ्रेंचमधील सागर संशोधन संस्थेने जगभरातील सर्व समुद्रांची साहसी मोहीम आखली होती. या मोहिमेत त्यांनी सर्व समुद्रांचे एकूण

साठ नकाशे काढले. त्यात समुद्रातील प्रवाह, समुद्रांची वेगवेगळ्या ठिकाणांची खोली, ज्वालामुखीची ठिकाणे दाखविली आहेत. या समुद्रपटावरून नकाशांचे मानवी आयुष्यातील महत्त्वाचे स्थान लक्षात येते.

या पृथ्वीवर, या जगात, कुठेकुठे, काय काय आहे याची माहिती मिळविण्याच्या माणसाच्या चौकस बुद्धीचे नकाशे हे प्रतीक आहे, यात शंका नाही.

✳

पोचली वीज घरोघरी

पावसाळ्याच्या सुरुवातीला लखलखणारी वीज किती प्राचीन काळ्यापासून दिसते, याचे उत्तर या विश्वाची निर्मिती झाल्यापासून असेच असणार आहे. पृथ्वीवर जीवसृष्टी येण्याआधीपासून निसर्गाचा हा नाट्यपूर्ण आविष्कार घडत असावा. निसर्गाने आपल्याकडील शक्तीचे किंवा ऊर्जेचे दर्शन माणसाला विजेच्या रूपात दाखविले. कडकडाट करत सारा आसमंत क्षणभर उजळून टाकणारी वीज माणसाचे कुतूहल बनली, तसेच कधीतरी आकाशातून पृथ्वीकडे झेपावणारी ही वीज झाडावर, घरावर, माणसावर पडली, तर क्षणार्धात आग पेटवत होती. यावरून तिच्यातील अफाट ताकदीची माणसाला कल्पना आली.

जीवसृष्टीचा विकास होत गेला आणि विद्युत्शक्ती तिचा महत्त्वाचा भाग बनली. माणसाच्या ज्ञानेंद्रियांकडून मेंदूकडे आणि मेंदूकडून सर्व शरीरभर अशी संदेशयंत्रणा काम करते, त्यात सूक्ष्म विद्युतस्पंदांचा सहभाग असतो. विशिष्ट प्रकारच्या माश्यांच्या (इलेक्ट्रिक फिश) स्पर्शाने अंगाला झटका बसल्यासारखे होते, ही गोष्ट विजेसंबंधीचे गूढ उकलण्यापूर्वी आफ्रिकेतील लोकांना माहिती होती. आकाशातील वीज आणि पृथ्वीवर निर्माण केलेली स्थिर वीज हे दोन्ही एकच

असल्याचे बेंजामिन फ्रँकलिन या वैज्ञानिकाने १७५० मध्ये सिद्ध केले; परंतु थेल्स नावाच्या ग्रीक शास्त्रज्ञाने २५०० वर्षांपूर्वी एखाद्या वस्तूवर स्थिर राहणाऱ्या या विजेचा अनुभव घेतला होता. थेल्सने पिवळ्या रंगाच्या अँबर नावाच्या राळेचा दांडा लोकरी कापडावर घासला आणि पक्ष्याच्या लहान पिसांजवळ आणला, तेव्हा पिस त्याच्याकडे आकर्षित झाली. ग्रीक भाषेत अँबरला 'इलेक्ट्रॉन' म्हणतात. त्यावरून विद्युतशक्तीला 'इलेक्ट्रिसिटी' हे नाव दिले गेले.

१७८० मध्ये इटालियन शरीरशास्त्रज्ञ एल. गॅल्व्हानी बेडकाच्या शरीराचा अभ्यास करत होता. बेडकाच्या पायाच्या शिरेला टोकदार सुईने स्पर्श केला की, बेडकाच्या स्नायूंना विजेचा धक्का बसल्यासारखा झटका बसे. गॅल्व्हानीच्या म्हणण्याप्रमाणे बेडकाच्या स्नायूंमधील द्रवपदार्थांमुळे त्याच्या शरीरात वीज निर्माण होत होती. गॅल्व्हानीच्या प्रयोगाची माहिती ऑलेस्सान्ड्रो व्होल्टा या इटालियन शास्त्रज्ञाला समजली. त्यांना गॅल्व्हानीचे मत पटत नव्हते. म्हणून त्यांनी स्वत: एक प्रयोग केला. व्होल्टाने चांदीच्या व जस्ताच्या चकत्यांमध्ये घट्ट मिठाच्या पाण्यात भिजवलेले टिपकागदाचे तुकडे ठेवले आणि वरची आणि खालची चकती धातूच्या तारेने जोडली. त्याबरोबर तारेतून वीजप्रवाह सुरू झाल्याचे लक्षात आले. या प्रयोगानंतर व्होल्टाने तांब्याच्या व जस्ताच्या पट्टीच्या साहाय्याने पहिला विद्युतघट (बॅटरी) तयार केला. सतत विद्युत प्रवाह मिळविण्यासाठी या विद्युतघटाचा फार मोठा उपयोग होऊ लागला. व्होल्टाचा विद्युतघट हा विद्युतशास्त्रातील प्रगतीचा महत्त्वाचा टप्पा मानला जातो.

इंग्लिश भौतिकशास्त्रज्ञ स्टीफन ग्रे यांनी काही धातूंचा तसेच काच, मेण, गंधक इ. पदार्थांचा अभ्यास केला, तेव्हा त्यांच्या लक्षात आले, की धातूंच्या एका टोकापासून दुसऱ्या टोकापर्यंत विद्युत प्रवाह जाऊ शकतो. म्हणून त्यांना ग्रेने विद्युतवाहक म्हटले. काच, मेण, गंधक, अँबर यामधून विद्युत प्रवाहाला अडथळा होतो. अशा पदार्थांना त्याने विद्युतरोधक ठरविले. ग्रेच्या या संशोधनाचा विद्युतशास्त्राच्या पुढील अभ्यासासाठी खूप फायदा झाला.

१७३३ मध्ये फ्रेंच शास्त्रज्ञ ड्यू फे यांनी विद्युत संकल्पनेत अजून भर घातली, विद्युतभार हे दोन प्रकारचे असतात व ते धन '+' या खुणेने आणि ऋण '-' या खुणेने त्याने दाखविले. अशा तऱ्हेने जगात विद्युतशक्तीची माहिती मिळविण्यासाठी विविध प्रयोग केले जात होते. तसेच विजेचा उपयोग वेगवेगळ्या साधनांसाठी करण्याचे प्रयत्न चालले होते.

सॅम्युएल मॉर्स यांनी बॅटरीच्या विद्युत प्रवाहाचा उपयोग तारायंत्रात केला आणि तारायंत्रातून अगदी बारीक आवाजात संदेश प्रक्षेपित करता आला. विद्युतशक्तीचा अधिक उपयोग करायचा, तर जोरदार विद्युतप्रवाह शोधून काढायला हवा, असा

विचार बरेच संशोधक करत होते. जर घराघरात आणि कारखान्यात वीज नेता आली, तर प्रकाश, उष्णता आणि यांत्रिक शक्ती या गोष्टी मिळू शकतील, एवढे विजेचे महत्त्व लक्षात आले होते.

विद्युत जनित्र (डायनामो किंवा जनरेटर) या यंत्रामुळे यांत्रिक शक्तीचे विद्युत शक्तीत रूपांतर करता येऊ लागले. १८३१ मध्ये मायकेल फॅराडे यांनी पहिले विद्युत जनित्र तयार केले. जनित्रात बदल करण्याचे काम हिप्पोलाइट पिक्झि यांनी केले. त्यांनी चुंबक फिरते ठेवले आणि तारांचे वेटोळे स्थिर ठेवले व विद्युत प्रवाह निर्माण केला. बेल्जियमच्या झेनोब ग्रॅम याने तयार केलेल्या आधुनिक विद्युत जनित्रामुळे विद्युतशक्ती मोठ्या प्रमाणात निर्माण करणे शक्य झाले. या विद्युत जनित्राला औद्योगिक विद्युत जनित्र म्हणतात. यामध्ये विद्युत प्रवाह फक्त एकाच दिशेने वाहत होता. त्यामुळे हा वीजप्रवाह लांबच्या ठिकाणी नेता येत नव्हता. सुरुवातीची विद्युत जनित्रे ही हाताने फिरवली जात होती. ग्रॅमने त्याचे विद्युत जनित्र वाफेच्या इंजिनावर चालविले. हल्लीच्या विद्युत केंद्रातील विद्युत जनित्रे टर्बो जनरेटरच्या रूपात असतात आणि ती वाफेच्या किंवा पाण्याच्या शक्तीवर चालविली जातात.

दोन कार्बन कांड्यांच्या मधून विद्युत प्रवाह पाठवून विद्युत कमान (इलेक्ट्रिक आर्क) तयार करण्यात आली. त्याच्या साहाय्याने रस्त्यावर आणि कारखान्यात उजेडाची सोय करता आली; परंतु घरगुती वापरासाठी हा प्रखर उजेड उपयोगी नव्हता. थॉमस एडिसनने विजेवर चालणारे दिवे १८८० च्या सुमारास तयार केले. त्यानंतर चार वर्षांनी एडिसनने जगातील पहिले मध्यवर्ती विद्युतशक्ती केंद्र न्यूयॉर्क शहरात उभे केले. या केंद्रात निर्माण केलेला विद्युत प्रवाह वाढविण्याची किंवा कमी करण्याची सोय नव्हती. त्यामुळे तो ग्राहकांपर्यंत अतिशय क्षीण रूपात पोहोचत असे. या अडचणीवर मात करण्यासाठी हंगेरियन अभियंता निकोला टेस्ला यांनी एक नवीन उपाय शोधला.

टेस्ला यांनी सतत उलट-सुलट होणारा विद्युत प्रवाह विद्युत तारांमध्ये सोडण्याचे ठरविले. त्यामुळे विद्युत प्रवाहाचा जोर वाढविता येईल, असे टेस्ला यांना वाटले. त्यासाठी त्यांनी विद्युत प्रवाहात दर सेकंदाला बदल केला. या विद्युत प्रवाहाची ताकद परिवर्तन साधनाद्वारे (ट्रान्सफॉर्मर) कमी किंवा अधिक करता येऊ लागली. या बदली विद्युत प्रवाहामुळे लांब अंतरापर्यंत वीज नेणे शक्य होईल, असा टेस्ला यांचा अंदाज होता. म्हणून त्यांनी स्वत:ची लहानशी विद्युत कंपनी स्थापन केली. या कंपनीतून विविध ठिकाणी विद्युत पुरवठा करण्याची त्यांनी योजना आखली. टेस्ला यांच्या या योजनेचे अमेरिकन अभियंत्यांना महत्त्व पटले. त्यांनी टेस्ला यांना अमेरिकेत बोलावून घेतले.

१८९१ मध्ये निकोला टेस्ला आणि जॉर्ज वेस्टिंग हाऊस या दोघा संशोधकांनी

नायगारा धबधब्याजवळ पाण्याच्या शक्तीवर वीज तयार करण्याचा कारखाना उभा करण्यात अमेरिकेला मदत केली. धबधब्याची प्रचंड शक्ती दहा विद्युत यंत्रांना (टर्बाईन्स) जोडण्यात आली. या योजनेमुळे २५ कि. मी. अंतरावरील शहरातील घरांमध्ये आणि कारखान्यांना वीजपुरवठा करता आला आणि अत्यंत उपयुक्त आणि महत्त्वाच्या विद्युतयुगाला सुरुवात झाली.

वीजप्रवाह वाहून नेण्यासाठी उच्च दाबाची जाड तार (केबल) वापरण्याचा प्रयोग १८८२ मध्ये करण्यात आला. मार्लेंसेल या फ्रेंच अभियंत्याने लहान लहान तारा एकत्र पिळून जाड तार तयार केली. पुढे १५ वर्षांत अनेक ठिकाणी विद्युत केंद्रे उभी करण्यात आली. अनेक विद्युत केंद्रे व जाड तारा यांनी मिळून विद्युत केंद्रांची साखळी (इलेक्ट्रिक ग्रीड) तयार झाली. या साखळीमधून लहान मोठी शहरे, गाव, कारखाने या ठिकाणी वीजपुरवठा सुरू झाला.

विद्युत युगामुळे सामाजिक, आर्थिक, कौटुंबिक जीवनावरही परिणाम घडून आले. घरामध्ये विजेचे दिवे, इस्त्री, विजेवर चालणारे पंखे, वॉशिंग मशीन ही साधने वापरली जाऊ लागली. एकूणच जगाच्या विकासाला विजेच्या शक्तीने फार मोठी चालना मिळाली आहे.

❋

कशासाठी, पोटासाठी

तुम्हाला एक अनुभव घ्यायला मी सांगणार आहे. थोडा वेळ काढून एखाद्या प्रशस्त सुपरशॉपीमध्ये जायचं! खरेदीच्या मागं फार धावायचं नाही, तर केवळ निरखून बघण्याचं काम करायचं! काचेच्या बाटल्यांमधील आंब्याचा रस, छोटी मक्याची कणसं, रसगुल्ले, अननसाच्या फोडी, लोणची, जॅम, जेली, चिरलेल्या, निवडलेल्या भाज्या, वेगवेगळे रंगीबेरंगी सॉस, रंगीत कागदांमधील तऱ्हेतऱ्हेची चॉकलेट्स, एका बाजूला पापड, पापड्या, कुरड्या, फ्रीजमध्ये मांसाहारी पदार्थ....ही यादी केवढी तरी होईल. खरंच या पदार्थांच्या विश्वात आपण शिरलो की, काय घेऊ आणि काय नको असं वाटतं! अर्थात विज्ञानाच्या प्रगतीनं कुठंही पिकणारे आणि कोणत्याही हंगामातले आपल्या आवडीचे पदार्थ आपल्याला सुस्थितीत खायला मिळतात.

प्राचीन काळात मात्र माणसाला खाण्यापिण्याची आवड हा प्रकार नव्हताच. कारण जे निसर्गात मिळत होते त्याच्यावरच पोट भरायचे, एवढंच त्याला माहिती होते. जंगली फळं, मुळं, कंदमुळं, बिया, मासे, जमिनीवरील छोटे प्राणी हे त्याचे अन्न होते. अन्न शोधण्यासाठी त्याला खूप प्रयत्न करावे

लागत. एका भागातील अन्नपुरवठा/अन्नसाठा संपला की ते दुसऱ्या भागात तात्पुरत्या मुक्कामाला जातं.

वणव्यामुळे लागलेल्या आगीत बिया, कंदमुळं इ. भाजले जाई. हे पदार्थही गुहेत राहणाऱ्या माणसाच्या खाण्यात येत. आगीचा शोध लागल्यावर तर मांस-मासे, कंदमुळं भाजून खाण्याची नवी पद्धत माणसाने सुरू केली. भाजण्याच्या प्रक्रियेतूनच धुराच्या साह्याने अन्न टिकविण्याची पद्धत निघाली असावी. मातीची मडकी, भांडी तयार करण्याचे कौशल्य आत्मसात केल्यावर त्यात अन्न शिजवून, वाफवून माणूस खाऊ लागला. पूर्वीपासून ऊन व वारा यांच्या मदतीने भाज्या, मांस, मासे वाळविले जात होते. या पदार्थांना मीठ लावून ठेवले तर ते जास्त दिवस टिकतात, हे माणूस अनुभवाने शिकला. फळांचा रस बराच वेळ साठवून वाईन हे पेय बनविण्यात येऊ लागले.

शिकार केलेल्या मोठ्या प्राण्यांचे मांस खराब होऊ नये, यासाठी उपाय शोधण्याची गरज होती. इ. स. १७०० मध्ये लॅझेरो स्पॅलॅझानि या इटालियन निसर्ग-अभ्यासकानं काचेच्या बरणीत मांसाचे तुकडे भरले. तिला झाकण लावलं आणि गरम पाण्यात ती बरणी तासभर ठेवली. काही दिवसांनी ती बरणी उघडली असता मांसाचा काही भाग खाण्यालायक राहिला होता. १७९५ मध्ये फ्रेंच सरकारने अन्न टिकविण्याची पद्धत शोधून काढणाऱ्यासाठी एक बक्षीस जाहीर केलं, फ्रेंच सैन्यासाठी अशा अन्नपदार्थांची फार गरज होती. निकोलस ॲपॅर्ट नावाच्या पावभट्टीवाल्यानं हे बक्षीस जिंकलं. निकोलसने एका उभट काचेच्या भांड्यात वाटाणे भरले. त्याला घट्ट बूच बसविले आणि ते भांडं उकळत्या पाण्यात बुडवून ठेवले. निकोलसने तीन महिने आधी ही तयारी केली होती. त्याचा हा प्रयोग यशस्वी झाल्यावर त्याने मांस, मासे, शिजविलेल्या भाज्या असे वेगवेगळे पदार्थ डबाबंद करून ठेवण्यास सुरुवात केली. काही वेळा पदार्थ खराब होत. मग निकोलस पुन्हा प्रयत्न करी. त्यातूनच प्रत्येक पदार्थांची उकळत्या पाण्यात ठेवण्याची वेळ नक्की करणं निकोलसला गरजेचे वाटले. त्यानुसार पदार्थांचे डबाबंदीकरण (कॅनिंग) चांगलं होण्यासाठी त्याने सतत संशोधन केले आणि एक पुस्तक लिहिले. या पुस्तकात त्याने स्वत: प्रयोग केलेल्या पन्नास पदार्थांची यादी दिली.

निकोलसनंतर तीस वर्षांनी बोस्टनमधील विल्यम अंडरवूड या व्यापाऱ्याने डबाबंद अन्नपदार्थ विकण्यास सुरुवात केली. काही वर्षांनी त्याने काचेच्या बाटल्यांऐवजी धातूच्या बाटल्या वापरण्याचा विचार केला. कारण काचेच्या बाटल्या फुटल्या की त्याचे फार नुकसान होई. अंडरवूडने कथिलाचा लेप दिलेल्या म्हणजेच कल्हई केलेल्या लोखंडी डब्यात अन्नपदार्थ भरले. हे डबे

तयार करताना त्याला वरच्या बाजूला एक छोटे भोक ठेवले. भोकातून पदार्थ भरून नंतर त्यावर डाख लावले. कथिल (टिन) गंजत नाही व त्यावर हवा, पाणी व रासायनिक पदार्थांचा परिणाम होत नाही. या गुणधर्मांमुळे ही डब्यांची कल्पना यशस्वी झाली. हे डबे हातांनी बंद करण्यात येत होते. त्यात वेळ जाई आणि बाहेरच्या हवेचा पदार्थांशी संपर्क होई. हे टाळण्यासाठी डबे भरभर बंद करण्यासाठी यंत्रे तयार करण्यात आली. त्याचबरोबर डबे उघडण्यासाठी सोपी, सुटसुटीत साधनं निघाली. या छोट्या परंतु अतिशय महत्त्वाच्या बदलांमुळे डबाबंद पदार्थांचा वापर वाढला. १८६६ मध्ये जे. ऑस्टर या अमेरिकन माणसानं टिनच्या डब्यांच्या झाकणांना किल्ली बसविली. ही किल्ली विशिष्ट पद्धतीनं सरकविली की डबा उघडत असे. या नव्या झाकणांमुळे टिनच्या डब्यांबद्दल लोकांना जास्त खात्री वाटू लागली.

निकोलस यांची डबाबंदीकरणाची पद्धत यशस्वी ठरली होती, तरीसुद्धा त्यामागचे कारण समजत नव्हते. १८६० मध्ये फ्रेंच वैज्ञानिक लुई पाश्चर यांनी सूक्ष्मजंतूंसंबंधी एक महत्त्वपूर्ण शोध लावला. उपद्रवी सूक्ष्मजंतूंमुळे अन्नपदार्थ फार काळ टिकत नाहीत, परंतु उष्णतेनं या सूक्ष्मजंतूंचा नाश होतो. या शोधनानंतरच डबाबंदीकरण्यामागचं शास्त्रीय कारण समजले. अर्थात निकोलस यांनी उष्णता आणि निर्वातीकरण (एअरटाइट) यांचा बरोबर संबंध लावला होता. सूक्ष्मजीवशास्त्रातील अभ्यासामुळे डबे तयार करण्याच्या पद्धतीत मोठे बदल झाले. १९६० नंतर तर ॲल्युमिनियम आणि प्लॅस्टिकचे डबेही काही पदार्थांसाठी वापरण्यात येऊ लागले. काचेच्या बाटल्यांसाठी विविध प्रकारची सोयीची झाकणं निघाली. चांगली काळजी घेऊनही काही वेळा डबा उघडल्यानंतर पदार्थ खराब झाल्याचं आढळून येई. डब्यातील अन्न चांगले राहण्यासाठी त्यातील प्रत्येक कणाला ठराविक वेळ उष्णता मिळणे आवश्यक असते, असे लक्षात आले म्हणून डब्यातील मध्यापर्यंत उष्णता पोहोचण्यासाठी डबे हलते ठेवण्याची काळजी घेण्यात येऊ लागली. त्यासाठी हे डबे सरकत्या पट्ट्यांवरून विशिष्ट तापमानाच्या पाण्यातून जाताना हलविण्याची यांत्रिक सोय करण्यात आली.

उष्णतेचा उपयोग करून अन्न टिकविता येते. त्याचप्रमाणे थंड किंवा शीत वातावरणातही ते चांगल्या स्थितीत राहते. विशेषत: उष्ण हवामानामध्ये याची विशेष गरज भासते, असा अनुभव लोकांना येत होता. सुरुवातीला थंडीच्या दिवसांत तळी, नद्या यांमध्ये साठलेला बर्फ फोडून तो मोठ्या खोल्यांमध्ये किंवा इमारतींमध्ये साठविला जाई. या इमारतींना बर्फघरे म्हणत. या बर्फावर लाकडाचा भुसा टाकून ठेवत. त्यामुळे तो हळूहळू वितळत असे. हा साठविलेला बर्फ उन्हाळ्यात वापरत. १८५१ मध्ये जॉन गॉरे या अमेरिकन डॉक्टरने पाण्यापासून बर्फ तयार करण्याचे

यंत्र तयार केले. या महत्त्वपूर्ण शोधामुळे अन्न साठवून जहाजातून दूरच्या देशांमध्ये पाठविता येऊ लागले. तसेच रेफ्रिजरेटरच्या शोधामुळे मांस, मासे, गोठविता येऊ लागले. १९२५ मध्ये क्लॉरेन्स बर्डस्ये यांनी अन्नपदार्थ कमी वेळात गोठविण्याची पद्धत शोधून काढली. त्यासाठी तयार केलेल्या यंत्रात दोन धातूच्या पट्ट्यांमधून मांस, मासे पाठविले जाऊ लागले. त्यामुळे दोन्ही बाजूंनी हे पदार्थ थंडगार होऊ लागले. शीतकपाटाच्या शोधामुळे तर अन्नपदार्थ, भाज्या, दूध, लोणी असे कितीतरी पदार्थ टिकविणे सोपे झाले.

पूर्वी युद्धकाळात सैनिकांपर्यंत सुकविलेले अन्नपदार्थ पोचविले जात. ते खूप प्रमाणात लागत. त्यासाठी यंत्रांच्या साह्यानं अन्नपदार्थ वाळविण्यास सुरुवात झाली. झटपट (इन्स्टंट) कॉफी आणि दुधाची पावडर या दोन्ही गोष्टींचा खूप उपयोग झाला. द्राक्षे, केळी, जरदाळू, मासे यंत्राच्या मदतीने वाळविले जाऊ लागले. खजूर, अंजीर, द्राक्षे, बदाम असे कमी प्रमाणात उपलब्ध होणारे पदार्थ सुकवून दीर्घकाळ टिकविता येऊ लागले आणि सर्वांना हवामानानुसार खायला मिळू लागले. फळांच्या फोडीत घातलेल्या साखरेच्या पाकामुळे सूक्ष्मजीवांची वाढ होत नाही, हे लक्षात आल्यामुळे तऱ्हेतऱ्हेचे मुरंबे, जॅम, जेली तयार होऊ लागले.

जीवन जगण्याचा अन्न हा मूलाधार आहे. म्हणूनच माणसानं अन्नपदार्थ चांगल्या स्थितीत खायला मिळावेत, त्याचबरोबर खाण्याची हौससही भागली जावी, या दोन हेतूंसाठी विज्ञानाची मदत घेतल्याचे लक्षात येते.

✳

प्रगती अग्निशमन तंत्रातील

दैनंदिन जीवनात उपयोगी पडणारा अग्नी हा प्राचीन माणसाच्या आयुष्यातील क्रांतिकारक शोध होता. या उपयोगी अग्नीने, आगीच्या ज्वाळेच्या रूपात रौद्र रूप धारण केलेलेही त्याने अनुभवले. एखाद्या जंगलात केवळ लहानशा ठिणगीने लागलेली आग, वणव्याच्या स्वरूपात सर्व जंगल भस्मसात करते, हे त्याने स्वत: डोळ्यांनी पाहिले होते. कपड्याला आग लागली तर अंग भाजते, हे त्याला समजले होते. म्हणूनच प्राथमिक अवस्थेत असलेली आग विझविता आली, तर नुकसानीची धग कमी होईल, हे माणसाने ओळखले. छोट्या छोट्या आगीवर पाणी मारले किंवा वाळूचा मारा केला, तर आग विझते हे अनुभवाने माणूस शिकला.

आगीविरुद्ध लढण्यासाठी काही यंत्रणा उभी करायला हवी, ही कल्पना प्राचीन रोमन सम्राट ऑगस्टस याने सर्वप्रथम राबविली. त्याने लोकांचा एक गट तयार केला. त्यांना पहारेकरी म्हटले जाऊ लागले. हे लोक गावात गस्त घालत फिरत आणि कुठे आग लागली, तर ती विझविण्यासाठी पुढाकार घेत. प्राचीन इजिप्शियन आणि रोमन लोक आग विझविण्यासाठी पाण्याने भरलेले पितळी हातपंप वापरत. या यंत्रणेत १८ व्या शतकापर्यंत काहीही सुधारणा झालेली नव्हती. हे पंप ओढण्यासाठी घोड्यांचा उपयोग करत. इ. स. १८०० मध्ये जर्मनीत एका चाकाच्या

गाडीवर पाण्याचा पंप ठेवत. हा पहिला, फिरता आग विझविण्याचा बंब म्हणता येईल.

१६५० मध्ये जॉन क्‍वेनडर हायडन या डच माणसाने या पंपाला पायमोज्याच्या आकाराचे, कातड्यापासून बनविलेले लवचिक नळ किंवा पाईप जोडले आणि त्याच्यामार्फत आगीवर पाण्याचा मारा करण्याचे तंत्र विकसित केले. या सुधारणेमुळे सुरक्षित अंतरावर उभे राहून माणसांना आग विझविता येऊ लागली. बादलीने पाणी ओतण्याऐवजी या पाईपचा उपयोग विशेष सोयीचा झाला. आग विझविण्याच्या उपकरणांमध्ये हायडनने बरेच प्रयोग केले. त्याने आगीच्या बंबाच्या दोन्ही बाजूला किमान वीस माणसे उभी राहून पंपातून पाणी खेचू शकतील, अशी योजना केली.

१८३० मध्ये वाफेवर चालणारे पहिले आग विझविण्याचे इंजिन तयार करण्यात आले. त्याला 'फायर इंजिन' हे नाव दिले गेले. ही इंजिने घोडे ओढत. त्यानंतर ५० वर्षांनी पेट्रोलवर चालणारी फायर इंजिन्स बनविण्यात आली. ही फायर इंजिन्स अवजड होती. सहज वापरता येण्याजोगे, आग पसरायच्या आत त्यावर पाण्याचा मारा करता येईल, असे आग विझविण्याचे पहिले उपकरण कॅप्टन जॉर्ज मॅनवाय याने १८१६ मध्ये तयार केले होते. हे अग्निशामक यंत्र दाबाखालील हवेवर चालविले जाई. हवेऐवजी एखादे रसायन वापरता येईल का, असे संशोधन फ्रेंचमन फॅन्कॉइस कारलिअर याने १८६८ मध्ये केले. त्याने अग्निशामक यंत्रात बायकार्बोनेट ऑफ सोडा आणि पाणी यांचा उपयोग केला होता. यंत्राच्या झाकणाजवळ एक सल्फ्युरिक आम्ल भरलेली बाटली जोडलेली होती. यंत्र वापरताना झाकणाला सुईने भोक पाडत. त्याबरोबर सल्फ्युरिक आम्ल बाटलीतून बाहेर पडे. रासायनिक प्रक्रिया होऊन कार्बॉनिक आम्ल तयार होई. या आम्लामुळे आतील पाणी वेगाने बाहेर पडून आग विझविण्यास मदत होई. १९०५ मध्ये रशियन रसायनशास्त्रज्ञ अलेक्झांडर लॉरेन्ट याने अल्युमिनियम सल्फेट आणि बायकार्बोनेट ऑफ सोडा यांच्या मिश्रणाचा आग विझविण्याच्या यंत्रात उपयोग केला. मिश्रणाच्या रासायनिक प्रक्रियेने तयार होणाऱ्या बुडबुड्यांमध्ये कार्बॉनिक आम्ल असते. हे आम्ल तेल, पेट्रोल किंवा रंगावर तरंगते. पर्यायाने आगीचा ऑक्सिजनशी होणारा संबंध तुटतो व आग विझते.

आग विझविण्यासाठी विविध तऱ्हेची अग्निशामक यंत्रे तयार करण्यात येत होती. धातूचे, सहजपणे वापरता येईल, असे त्रिकोणी, निमुळते अग्निशामक यंत्र किंवा नळकांडे २० व्या शतकाच्या सुरुवातीला बनविले गेले. कपडे, वायू, द्रवपदार्थ, रासायनिक पदार्थ, वाहन, तेल, रबर, लाकूड, कागद अशा वेगवेगळ्या पदार्थांना लागणाऱ्या आगीची तीव्रता कमी-अधिक असते. काही पदार्थांना पटकन आग लागते. लाकूड बराच वेळ जळत राहते. काही रासायनिक पदार्थांचा तर आग

लागताच भडका उडतो. या त्यांच्या गुणधर्मानुसार जळणाऱ्या पदार्थांचे अ, ब, क, ड अशा गटांत वर्गीकरण करण्यात आले आहे. या पदार्थांना लागणारी आग विझविण्यासाठी विशिष्ट प्रकारची अग्निशामक यंत्रे वापरली जातात. जेव्हा कापड, कागद, रबर, लाकूड अशा पदार्थांना आग लागते, तेव्हा पाण्याने भरलेले अग्निशामक यंत्र वापरतात. विजेवर चालणाऱ्या उपकरणांना लागणारी आग विझवितांना पाण्याचे अग्निशामक नळकांडे उपयोगी पडत नाही. ज्वलनशील वायू, पेट्रोल, तेल अशा पदार्थांसाठी फेस तयार करणारे अग्निशामक नळकांडे वापरतात. यामध्ये ज्वलनशील पदार्थ आणि आगीच्या ज्वाला यांच्यामध्ये फेसाच्या रूपात पारदर्शक आवरण तयार केले जाते. त्यामुळे ज्वलनशील पदार्थाला ऑक्सिजनचा पुरवठा कमी होतो व आग आटोक्यात येण्यास मदत होते.

संगणक तसेच वेगवेगळी वाहने, विजेची बटणे यांना आग लागली, तर त्यासाठी द्रवरूप वायू भरलेले अग्निशामक यंत्र वापरणे सर्वांत जास्त सुरक्षित ठरते. विजेवर चालणाऱ्या उपकरणांना लागलेली आग, पाण्याने विझविण्याचे प्रयत्न केल्यास अधिकच नुकसान होते. द्रवरूपातील कार्बन डाय ऑक्साइड वायू, दाबलेल्या अवस्थेत नळकांड्यात भरलेला असतो. त्याचा दांडा फिरविला की, आतील द्रवरूप कार्बन डाय ऑक्साइडचे बाहेर पडताना वायूत रूपांतर होऊन तो त्या आगीवर लपेटला जातो. त्यामुळे या उपकरणावर पाणी किंवा कुठल्याही प्रकारची पावडर सांडत नाही आणि जास्तीचे नुकसान टळते.

कोरडी रासायनिक पावडर भरून तयार केलेली अग्निशामक यंत्रेही चांगली उपयोगी पडतात. यामध्ये कोरडी रासायनिक पावडर आणि दबलेल्या स्थितीतील वायू भरलेला असतो. या दोन्ही गोष्टी एकत्रित किंवा वेगवेगळ्याही आतमध्ये ठेवता येतात. जर कोंडलेला वायू छोट्या सिलेंडरमध्ये भरून नळकांड्यात ठेवलेला असेल, तर यंत्राचा दांडा फिरविल्यावर त्या सिलेंडरला छिद्र पडते आणि वायू आतल्या रासायनिक पावडरमध्ये मिसळतो व नंतरच आग लागलेल्या ठिकाणी त्याचा मारा सुरू करता येतो.

पूर्वीच्या काळी बँका, थिएटर, ग्रंथालय, कारखाने अशा ठिकाणी वाळू भरलेल्या लाल रंगाच्या बादल्या ओळीने मांडलेल्या असत. आग लागली किंवा छोटी-मोठी ठिणगी पडली, तरी अग्निशामक दलाचा बंब येण्याच्या आधी पटकन वाळूचा मारा करण्यासाठी त्याचा उपयोग होई. आता त्याची जागा लाल रंगाच्या अग्निशामक नळकांड्यांनी घेतली आहे.

✳

जिने चढणार? छे...

तो एका चौथऱ्यावर उभा राहिला. तो चौथरा म्हणजे चौकोनी यांत्रिक पाळणा होता. पाळण्याचा दोर ओढल्यावर तो पाळण्यासकट वरवर गेला. अवतीभोवती जमलेले लोक श्वास रोखून ते दृश्य पाहत होते. त्या इमारतीच्या गच्चीच्या उंचीपर्यंत तो पाळणा पोचला. सर्वत्र शांतता पसरली होती. तेवढ्यात त्याने शांतपणे, खाली उभ्या असलेल्या आपल्या सहकाऱ्याला, पकडलेला दोर कापायला सांगितला. आता काय होणार? या कल्पनेने बायका भीतीने ओरडू लागल्या, तर पुरुषांनी चक्क माना फिरविल्या. दोर कापला तरी त्याचा पाळणा उंच तसाच वर स्थिर राहिला. आपला प्रयोग यशस्वी झाल्यामुळे हसत हसत तो म्हणाला, 'लोकहो, सर्व काही सुरक्षित आहे! बघा, बघा माझ्याकडे!'

हा प्रसंग घडवून आणला होता, एका तरुणाने. त्याचे नाव होते एलिशा ग्रेव्हज ओटिस! त्याने १८५४ मध्ये न्यूयॉर्कमध्ये भरलेल्या प्रदर्शनात आपली ही करामत दाखविली आणि त्यातूनच आधुनिक लिफ्ट किंवा उद्वाहकाचा जन्म झाला.

सामान वर-खाली नेण्यासाठी कप्पी आणि रहाटाचा उपयोग प्राचीन ग्रीक लोक करत असत. ख्रिस्तपूर्व १०० च्या सुमारास रोमन वास्तुविशारद व्हिट्रुव्हियस याने जमिनीवरून अवजड वस्तू उचलण्यासाठी कप्पीचा उपयोग केल्याची नोंद सापडते. १७ व्या शतकात एक 'उडती खुर्ची' नावाची चौकोनी मोठी खुर्ची बनविण्यात आली होती. इमारतीच्या सर्वांत वरच्या मजल्यावर लोकांना नेण्यासाठी ही खुर्ची वापरली जाई. ती खुर्ची आणि तिचे यांत्रिक भाग इमारतीत नव्हते, तर ते बाहेरच्या बाजूला दिसत. मात्र ही खुर्ची लोकांमध्ये फारशी लोकप्रिय झाली नाही.

१९ व्या शतकात एलिशा ग्रेव्हज ओटिस या अभियंत्याने माणसांची उंचावरून सुरक्षित ने-आण करणारी उद्वाहक बनविली. तो फार धडपड्या आणि शोधक वृत्तीचा माणूस होता. त्याचे लहान यांत्रिक भागांचे दुकान होते. या दुकानाच्या जवळून वाहणाऱ्या पाण्याच्या ओढ्याचा त्याने वीजनिर्मितीसाठी उपयोग केला होता. कालांतराने त्याने हे दुकान विकले आणि पलंगाचे सांगाडे तयार करण्याचा छोटा कारखाना सुरू केला. हे अवजड सांगाडे एका मजल्यावरून दुसऱ्या मजल्यावर नेण्याचे काम फार कटकटीचे आणि कठीण होई. या सांगाड्यांची यांत्रिक पद्धतीने वर-खाली ने-आण करण्यासाठी त्याने एक चौथरा तयार केला आणि तो कप्पीच्या साहाय्याने उचलण्याचा प्रयत्न केला. त्यात थोड्या सुधारणा केल्यावर आपला हा उद्वाहक चांगलाच उपयोगी ठरेल, असा ओटिसला विश्वास वाटला. म्हणूनच लोकांनी तो बघावा यासाठी जाहीर प्रात्यक्षिक करून दाखविले.

इ. स. १८५७ मध्ये न्यूयॉर्कमधील एका बहुमजली दुकानात माणसांची ने-आण करणारा पहिला उद्वाहक बसविण्यात आला. यामध्ये एक छोटा चौकोनी पाळणा आधारपट्टीवर जोडला होता. त्याला वर-खाली करण्यासाठी भक्कम दोर लावले होते. या पाळण्यात कप्पीच्या नियमांचा उपयोग केलेला होता. त्यात स्प्रिंग बसविली होती. या स्प्रिंगमुळे उद्वाहकाला भक्कम आधार मिळाला होता. हा उद्वाहक वाफेच्या शक्तीवर चालत होता. मोठ्या चौकोनी खुर्चीतून पाच मजले वर जाण्यास अगदीच थोडा वेळ लागतो, याचे लोकांना फार आश्चर्य वाटत होते. सुरुवातीला लोक त्यातून जायला घाबरत होते, परंतु अनुभवाने त्याची उपयुक्तताही त्यांच्या लक्षात आली होती. ठिकठिकाणी त्याचा वापरही सुरू झाला होता, परंतु या नमुन्यात बदल मात्र तब्बल ३० वर्षांनी झाला, तो विद्युत मोटार लावल्यावर! विजेवर चालणारा हा उद्वाहकही ओटिसनेच तयार केला होता. १८८४ मध्ये त्याने पुन्हा एकदा पॅरिसच्या प्रदर्शनात त्याचे प्रात्यक्षिक दाखविले. या वेळी त्याने आपल्या उद्वाहकात लोकांना बरोबर घेतले होते.

ओटिसच्या निधनानंतर त्याच्या मुलांनीही उद्वाहकामध्ये सुधारणा केल्या. तसेच सुरक्षितता, वेग आणि उंचावरून व्यवस्थित खाली-वर चालू शकेल, अशा

उद्वाहकांचा उपयोग जास्त सोयीचा व कमी खर्चात कसा होईल, याचा विचार वैज्ञानिक करू लागले. त्यानुसार उद्वाहकात बदल केले जाऊ लागले.

त्यानंतरचा टप्पा म्हणजे इलेक्ट्रॉनिक यंत्रणेने उद्वाहकाचे काम चालू झाले. नवीन प्रकारच्या आधुनिक उद्वाहकांमध्ये बाहेरचे आणि आतले अशी दोन दारे असतात. ही दारे काही उद्वाहकांमध्ये मध्यभागी उघडणारी किंवा दोन्ही बाजूंकडे सरकणारी किंवा एकाच बाजूला सरकणारी असतात. स्वयंचलित दारे असतील, तर उद्वाहक चालकाची गरज पडत नाही. सुरक्षिततेच्या दृष्टीने उद्वाहकाची दारे नीट घट्ट बसली, की त्याचे कार्य चालू होते. आतमध्ये मजल्यांच्या आकड्यांसाठी बटणांची सोय असते. तसेच वरची दिशा व खालची दिशा दाखविणारे बाण असतात.

उद्वाहकांचा उपयोग इस्पितळांमध्ये तसेच गगनचुंबी इमारतींसाठी तर होतोच, परंतु बोटींवर, धरणांवरही त्यांची गरज असते. अवकाशात रॉकेट सोडण्यासाठी विशिष्ट प्रकारचे उद्वाहक वापरतात.

सध्या जागेच्या टंचाईमुळे, उंच-उंच इमारती बांधल्या जातात. कितीतरी देशांत तर शंभर मजल्यांहून अधिक उंच इमारती असतात. अशा इमारतींमध्ये अनेक उद्वाहक बसविलेले असतात. त्यामध्ये दूरध्वनीची व्यवस्था असते. शिवाय त्यांच्यात अंतर्गत संवाद साधण्याची सुविधा असते. त्याचा उपयोग एखाद्या उद्वाहकात जर काही तांत्रिक बिघाड झाला, तर त्याची माहिती इतरांकडे पोहोचविण्यासाठी होतो. उद्वाहकांमध्ये भयसूचक बटणे, प्राणवायूची सोय, संकटकाळासाठी वेगळे दिवे, विजेचा पुरवठा अशा सोई असतात.

हल्ली इमारतींच्या बाहेरच्या बाजूने, आकर्षक आकारात पारदर्शक रंगीत काच असलेले उद्वाहक पाहायला मिळतात. या उद्वाहकातून वर-खाली करताना, बाहेरचे दृश्य बघता येते. पॅरिसमध्ये आयफेल टॉवरला असा उद्वाहक पहिल्यांदा बसविला गेला.

आता उंच-उंच, गगनचुंबी इमारतींचा, उद्वाहक हा अविभाज्य भाग झाला आहे. या उंच इमारतींकडे बघताना आपल्याला कितीतरी वर मान करून बघावे लागते. उद्वाहकाच्या शोधाच्या आणि त्यातील तंत्रज्ञानाच्या प्रगतीच्या आलेखाकडे बघताना, आपली मान अशीच उंचावते ती अभिमानाने आणि माणसाच्या कर्तृत्वाच्या भरारीने !

✳

आधुनिक जगाचा मित्र

'छे! काय हे! एक पुस्तक का वही धड सापडत नाहीये! व्यवस्थित आवरायला पाहिजे जरा! असं म्हणून मुलं मोठ्या उत्साहाने आपल्या वह्या-पुस्तकांचं कपाट, टेबल आवरायला लागतात, पण हा उत्साह फारच कमी टिकतो आणि मग कुणी तरी आपल्याला मदत करायला असतं तर किती बरं झालं असतं, असा विचार मनात येत असतानाच कुठे तरी वाचलेल्या कामसू यंत्रमानवाची म्हणजेच 'रोबोट'ची आठवण येते. माणसाने करावयाची कामे करण्यासाठी माणसाने इलेक्ट्रॉनिक, बुद्धिमान रचना तयार केली. ही रचना यांत्रिकपणे सर्व कामे करते म्हणून त्याला 'यंत्रमानव' असे नाव दिले गेले. हा यंत्रमानव आधुनिक युगात खूपच उपयुक्त ठरत आहे. मात्र त्याचा जन्म खूप प्राचीन काळी झाला तो यांत्रिक कळयंत्राच्या रूपात!

कुणीतरी धूप जाळला की चर्चमधील दारे आपोआप उघडली जातील, अशा प्रकारची कळयंत्र प्राचीन काळी केली जात. ठराविक वेळेला घड्याळातून बाहेर डोकावणारे, गाणे गाणारे पक्षी, जहाज वल्हवणाऱ्या, काही शब्द बोलणाऱ्या धातूच्या व्यक्ती तयार करण्याची कला माणसाला साध्य झाली होती. वैज्ञानिक आणि संशोधक स्वयंचलित खेळणी तयार करण्यासाठी प्रयत्न करत होते. ख्रिस्तपूर्व ६२ व्या काळातील अलेक्झांड्रियाचा हिरो, ही खेळणी बनविण्यात अग्रेसर होता. लिओनार्दो द व्हिन्सी, रॉजर बेकन इ. कलाकारांनी मोठ्या कल्पकतेने उत्तमोत्तम खेळणी तयार केली. ही खेळणी म्हणजे हल्लीच्या यंत्रमानवाचे खापरपणजोबाच मानावे लागतील. अगदी आपल्या महाभारतातही याचा पुरावा देता येईल. महाभारतात राजा धृतराष्ट्र आणि भीम यांच्या भेटीचा प्रसंग आहे. कपटाने धृतराष्ट्र भीमाला मारून टाकेल या भीतीने धृतराष्ट्राच्या भेटीला खरा भीम न पाठविता, धातूपासून बनवलेली भीमासारखी प्रतिकृती म्हणजेच यंत्रमानव पाठविला होता. भारतात १७९२ मध्ये यंत्रमानवाचा एक नमुना तयार करण्यात आला होता. त्याला 'टिपूचा वाघ' म्हणत. या वाघाचा प्रतिकार करण्यासाठी माणसाने हातांची हालचाल केली की तो वाघ गुरगुरत असे. चार्ल्स बॅबेज यांनी १८२३ मध्ये एक वैशिष्ट्यपूर्ण इंजिन बनविले. आजचा संगणक आणि यंत्रमानवशास्त्र या इंजिनाचे प्रगत रूप आहे.

यंत्रमानव हा शब्द रोबोटा या झेक शब्दापासून तयार केला गेला. झेक भाषेत रोबॉट म्हणजे गुलाम! झेक नाटककार कार्ल कापेक याने १९२१ मध्ये एक नाटक लिहिले, त्यात त्याने रोबॉट हा शब्द पहिल्यांदा वापरला. चार-पाच यंत्रमानवांनी माणसांविरुद्ध बंड पुकारले, असा या नाटकाचा विषय होता. आयझॅक ऑसिमोव या जगप्रसिद्ध विज्ञान कादंबरीकाने १९४० मध्ये यंत्रमानवासंबंधी एक गोष्ट लिहिली होती. यंत्रमानवाला जर चुकीच्या मार्गाला लावले, तर तो हानिकारक ठरू शकतो. त्यासाठी काही नियम या गोष्टीत ऑसिमोव्हने सांगितले होते. ऑसिमोव यांनी तयार केलेल्या यंत्रमानवशास्त्राच्या तीन नियमांनुसार यंत्रमानवाची रचना केली जाते.

यंत्रमानवाच्या शरीरात विद्युतघट असतात. त्यांच्यामध्ये वीज साठविली जाते आणि ती शरीराच्या वेगवेगळ्या भागांना पुरवितात. या विद्युतघटांना मधून मधून वीज पुरवठा केला जातो. त्यामुळे त्यांचे काम चालू राहते. यंत्रमानवाची हाताळणी करणारे भाग अनेक विद्युत चलित्रे, सांधे आणि तरफांपासून बनविलेले असतात. यंत्रमानवाला इलेक्ट्रॉनिक संगणकाची जोड मिळाल्याने, त्यांची कामगिरी फारच उंचावली. हा संगणक यंत्रमानवाच्या कामांचा नियंत्रक म्हणून काम करतो. संगणकातील सूचनांच्या माध्यमातून नियंत्रकाचे काम चालते.

१९६६ मध्ये टिंकर नावाचा यंत्रमानव बनविला गेला. तो गाड्या धुवायचा. तसेच तो जिनेही चढू-उतरू शकत होता. १९७६ मध्ये 'अरोक' हा घरगुती कामे

करू शकणारा यंत्रमानव बनविण्यात यश मिळाले. १९७७ मध्ये औद्योगिक क्षेत्रात काम करण्यास उपयुक्त असा 'रेकिट' नावाचा यंत्रमानव उपयोगात आणला गेला. १९६८मध्ये तयार केलेला 'शके' हा यंत्रमानव एखादे ठिकाण शोधणे, अडथळे टाळून पुढे जाणे, खोक्यांचे वर्गीकरण करणे अशी कामे करत होता.

व्हायकिंग अवकाशयानाने मंगळ ग्रहाच्या लाल मातीवर उतरून काही अभिनव प्रयोग केले. या प्रयोगामुळे मंगळावर जीवसृष्टी असावी, असा अंदाज करता आला. 'लुनाओद' यंत्रमानव चंद्राच्या ज्वालामुखीच्या विवरांनी युक्त अशा पृष्ठभागावर फिरून आला.

यंत्रमानवाकडून ज्या प्रकारचे काम करून घ्यायचे, त्या प्रकारचा संगणक कार्यक्रम त्याच्या स्मरणसाठ्यात करून ठेवण्यात येऊ लागला. त्यामुळे यंत्रमानवाकडून कितीतरी प्रकारची कामे करून घेणे शक्य होऊ लागले.

औद्योगिक क्षेत्रात यंत्रमानवाचा फारच उत्तम उपयोग करता येतो. हा विचार सर्वप्रथम जे. एफ. एंगेलबर्गरने केला. औद्योगिक यंत्रमानवाचा तो जनक मानला जातो. सुट्या भागांची जुळणी करणे, सांधेजोडणी, स्प्रे पेंटिंग अशी किती तरी कामे यंत्रमानवाकडून करून घेतली जातात. समुद्र आणि महासागराची खोली शोधण्याचे काम समुद्रात जाऊन यंत्रमानव करतात. वैद्यकीय अभ्यासासाठी, छोटी-मोठी ऑपरेशन्स करण्यासाठी, अगदी चाचण्यांसाठी अतिशय लहान किंवा अगदी सूक्ष्म जीवाणूच्या आकाराचे यंत्रमानव तयार करण्याची किमया मानवी मेंदू नक्कीच करू शकेल, असे वाटत असतानाच इ. स. २००२ च्या सुरुवातीला डॉक्टरांनी सात हजार किलोमीटर अंतरावरून म्हणजेच न्यूयॉर्कमध्ये बसून, फ्रान्समधील स्ट्रासबर्ग येथील एका महिलेच्या शरीरातील पित्ताशय काढले ते यंत्रमानवाला नियंत्रित करून ! या 'रोबोडॉक' नावाच्या प्रत्येक यंत्रमानवाची किंमत फक्त सात कोटी आहे बरं का !

अमेरिकेत १९८३ पासून पोलीस रोबोटस् वापरले जाऊ लागले. सुरक्षा कर्मचाऱ्यांच्या कपड्यांची चाचणी घेण्यासाठी अमेरिकन इंजिनिअर्सनी 'मॅनी'या रोबोटची १९८८ मध्ये निर्मिती केली. ऑस्ट्रेलियामध्ये मेंढ्याचे केस कापण्यासाठी १९९१ मध्ये एक रोबोट तयार केला. एका मेंढीचे केस केवळ १०० सेकंदात कापून देण्याची त्याची क्षमता आहे. न्यूक्लिअर पॉवर प्लान्टच्या सर्व विभागांत काम करू शकणारा रोबोट तयार करण्याच्या कल्पनेवर १९८८ मध्ये संशोधकांनी काम सुरू केले. आता तर भावभावनांनी प्रतिसाद देणारे यंत्रमानव तयार होत आहेत.

अशा तऱ्हेने कोळशाच्या खाणीपासून, अवकाशापर्यंतच्या अनेक क्षेत्रांत काम करणाऱ्या रोबोटची घोडदौड विस्मयकारक आहे.

✳

चला खरेदीला!

छोट्या-छोट्या वाड्यांमधील वस्ती वाढली, त्यांचे लहान गावांमध्ये रूपांतर झाले. हळूहळू खेडी, तालुके, जिल्हे, उपनगरे, मध्यम शहरे, मोठी शहरे, असा समजाचा चेहरामोहरा बदलला. लोकांना रोजच्या गरजेच्या वस्तू, धान्य, भाजीपाला घेण्यासाठी लांबच्या ठिकाणी जाणे गैरसोयीचे होऊ लागले आणि त्यातूनच विविध वस्तू-भांडार किंवा डिपार्टमेंटल स्टोअर्सचा जन्म झाला.

डिपार्टमेंटल स्टोअर्समध्ये सर्व जीवनावश्यक वस्तू आकर्षक पद्धतीने मांडलेल्या असतात. एक किंवा दोनमजली इमारतीत ही भली मोठी दुकाने थाटलेली असतात. १८५० मध्ये पहिले डिपार्टमेंटल स्टोअर्स ऑरिस्टाइड बॉऊसिकॉट या फ्रेंच व्यापाऱ्याने पॅरिसमध्ये सुरू केले. त्याच्या दुकानाचे वैशिष्ट्य म्हणजे एकच किंमत आणि रोखीचा व्यवहार!

एकाच दुकानात किराणा माल, सौंदर्यप्रसाधने, दूध, लोणी, भेटवस्तू, स्टेशनरी असे सर्व काही मिळणाऱ्या दुकानांना 'सुपरशॉपी' असे नाव मिळाले. १८५० नंतर

अमेरिका-युरोप या देशांत अशा दुकानांची संख्या खूप वाढली. ही दुकाने लोकांना खरेदीसाठी खूप सोयीची होऊ लागली. त्यामुळे दिवसेंदिवस त्याचा पसारा वाढत राहिला. लोकांना खरेदी करणे आरामदायी आणि सुलभ होण्यासाठी नवीन सुधारणा होऊ लागल्या.

मिनेसोटामधील लहान गावात वॉल्टर एच. डेऊब्नर यांचे किराणा मालाचे दुकान होते. आपला धंदा खूप वाढला पाहिजे, अशी वॉल्टर यांची फार इच्छा होती. लोकांना आपल्या दुकानात येण्यासाठी कसे आकर्षित करता येईल, याचा ते सतत विचार करीत. त्यासाठी ते दुकानात येणाऱ्या गिऱ्हाईकांकडे बारीक लक्ष ठेवीत. त्यांना काय अडचणी येतात, ते पाहत. त्यांच्या असे लक्षात आले की, लोक सहजपणे नेता येईल एवढीच खरेदी करीत. त्यांना एकावेळी जास्त वस्तू खरेदी करायला कसे सोयीचे होईल, या विचाराने वॉल्टर यांनी दोन वर्षे प्रयोग केले. ३-४ कागद एकावर एक चिकटवून जाड, जरा कडक कागद तयार केला. त्या कागदाला घड्या घालून एक चौकोन बनविला. त्याच्या वरच्या मोकळ्या बाजूला दोन भोके पाडून त्यात जाड दोरी ओवली. स्वत: त्यात सामान भरून, बॅग किती वजन पेलू शकते हे शोधले आणि दुकानाच्या दारावरच 'वॉल्टर शॉपिंग बॅग' असे नाव लिहिलेल्या बॅग्ज टांगून ठेवल्या. एका बॅगची किंमत पाच सेंट एवढी ठेवली. दुकानात येणाऱ्या गिऱ्हाईकाला बॅगचे महत्त्व पटवून दिले. १९१५ मध्ये बॅगेचे पेटंट घेतले आणि तीन वर्षांत शेकडो बॅग्ज विकल्या.

सिल्व्हन एन. गोल्डमन याचे ओक्लहोमा सिटी सुपरमार्केट नावाचे मोठे दुकान होते. गिऱ्हाईकाला विविध वस्तू खरेदी करताना दुकानात इकडून तिकडे फिरावे लागे. त्यावेळी निवडलेल्या वस्तू हातात धरून, नवीन वस्तू पाहणे लोकांना जिकिरीचे होते, असे चाणाक्ष सिल्व्हनच्या लक्षात आले. लोकांची काहीतरी सोय केली पाहिजे, असे त्याला वाटले. एक दिवस तो रात्री टेबलापाशी बसून काम करीत होता. समोर मांडलेल्या दोन, लहान घडीच्या खुर्च्या पाहून त्याच्या मनात एक कल्पना आली. त्याने त्या दोन्ही खुर्च्या एकमेकांना जोडून खुर्च्यांच्या पायांना चाके लावण्याची मनातली कल्पना कागदावर चित्र काढून मांडली. खुर्च्यांच्या सीटवर एक- एक रुंद तोंडाची पिशवी ठेवली आणि अशा तऱ्हेने खरेदीसाठी ढकलगाड्या किंवा 'शॉपिंग कार्ट'चा १९३६ मध्ये जन्म झाला. सिल्व्हनने एका कारखान्यातून अशा प्रकारच्या लोखंडी कार्ट बनवून घेतल्या. लोकांची दुकानात चांगली सोय झाली. कालांतराने लाकडी, त्यानंतर प्लॅस्टिकच्या कार्ट वापरल्या जाऊ लागल्या.

सुपरशॉपीमध्ये अक्षरश: हजारो वस्तू असतात. प्रत्येक वस्तूवर किमतीचे लेबल चिकटवलेले असते. गिऱ्हाईकाने विकत घेतलेल्या वस्तूंचे बिल तयार करण्याचे काम संगणकाच्या काही बटणांनी अगदी सोपे करून टाकले आहे. त्यासाठी एक पद्धत

विकसित करण्यात आली. तिला 'बारकोड स्कॅनर' असे म्हणतात.

सुपरशॉपीतील वस्तूंना लावलेल्या लेबलवर किंमत, वजन, आवश्यक तेथे वस्तू तयार केल्याची तारीख अशा गोष्टींची नोंद केलेली असते. त्याचबरोबर जवळ-जवळ कमी जास्त जाडीच्या काळ्या आणि पांढऱ्या रेघाही आढळतात. या रेघा म्हणजेच एक सांकेतिक भाषा असते. त्या त्या वस्तूचे नाव सांकेतिक भाषेत या रेघांच्या रूपाने काढलेले असते. त्यातील प्रत्येक रेघ म्हणजे एक नंबर असतो आणि तो रेघांच्या बाजूला छापलेला असतो. खरेदी केलेल्या वस्तू दुकानाच्या काउंटरवर दिल्या की काउंटरवर थांबलेला माणूस बिल करायला लागतो. त्याच्याजवळ एक संगणक असतो आणि टेबलाच्या कडेला, खालच्या बाजूस 'बार कोड स्कॅनर'ची यंत्रणा काम करीत असते. सर्व सामानाचे बिल करण्यापूर्वी खरेदी केलेली प्रत्येक वस्तू टेबलाला असलेल्या एका छोट्या खिडकीवरून फिरवली जाते. त्यावेळी हेलियम-निऑन वायूंवर आधारित असलेली लेसरची किरणे त्या लेबलपर्यंत पोहोचतात. लेबलवरील काळ्या रेघा प्रकाश शोषून घेतात, तर पांढऱ्या रेघांवरून प्रकाश परावर्तित होतो. परावर्तित किरणे त्या ठिकाणी असलेल्या संसूचकावर (डिटेक्टर) पडतात. येथे ही किरणे मोजून त्या रेघांचा अर्थ लावला जातो.

त्यानंतर या सर्व माहितीचे विद्युत संकेतांमध्ये रूपांतर केले जाते आणि हे संकेत संगणकाकडे पोहोचविले जातात. सांकेतिक माहितीच्या आधारे संगणक प्रत्येक वस्तू ओळखू शकतो. संगणकाच्या मेमरीत प्रत्येक वस्तूचे नाव आणि किंमत ही माहिती साठवून ठेवलेली असते. या माहितीच्या आधारे संगणक पडद्यावर वस्तूचे नाव, वजन आणि त्यानुसार किंमत दाखवितो. ही माहिती कॅशमेमोवर छापली जाते. अशा तऱ्हेने घेतलेल्या एकूण वस्तू आणि त्यासाठी द्यावयाचे पैसे यांची माहिती अतिशय वेगाने संगणकामार्फत ग्राहकाला मिळते.

दुकानातल्या प्रत्येक वस्तूची नोंद संगणकामध्ये असते. याशिवाय प्रत्येक वस्तूचा किती साठा आहे आणि त्याचा ब्रॅण्ड कोणता ही माहितीही त्यात असते. ज्यावेळी ग्राहक एखादी वस्तू खरेदी करतो, तेव्हा संगणकाच्या माहिती विभागात त्यातील एकूण साठ्यातून तसेच त्या ब्रॅण्डमधून वजा केली जाते. त्यामुळे संगणकाकडून दुकानातील प्रत्येक वस्तूचा साठा किती आहे, याची दुकानदाराला सतत माहिती मिळते.

सुपरमार्केटमधील कामामध्येही तत्परता आणि सुटसुटीतपणा आणण्याचे काम एका अमेरिकन शास्त्रज्ञाने केले. त्याचे नाव जिरॉम लेमेलसन. वयाच्या ३३ व्या वर्षी जिरॉमने बार कोड स्कॅनरचा शोध लावला. ही स्कॅनरची कल्पना जगभरातील व्यापाऱ्यांनी स्वीकारली. व्यापाऱ्यांना आणि गिऱ्हाईकांना खरेदीचा आनंद मिळवून देणारा हा आधुनिक हिशेबनीस, डिपार्टमेंटल स्टोअर्सचा अत्यावश्यक भाग झाला आहे.

✹

आगकाडीची आगेकूच

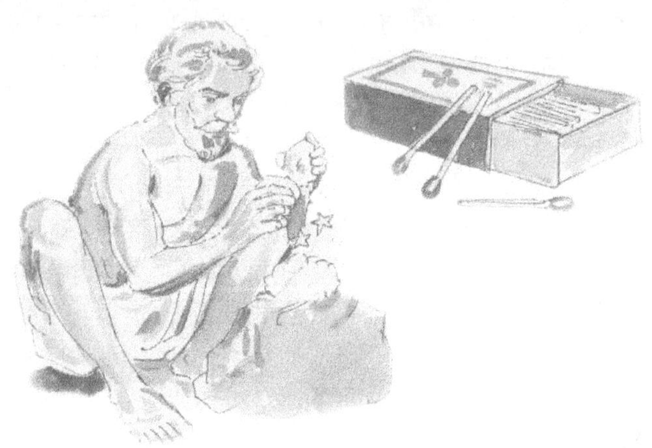

गारगोटीवर गारगोटी घासून ठिणगी पडते, हा माणसाचा अनुभव अग्नीच्या शोधास कारणीभूत ठरला. अग्नीच्या शोधाने माणसाच्या आयुष्यात बराच फरक पडला. किंबहुना तो एक क्रांतिकारक शोध मानला जातो. त्यामुळे रासायनिक प्रक्रिया घडवून, कृत्रिम पद्धतीने आग निर्माण करता येणे, हा त्या दृष्टीने एक मोठाच नवीन शोध होता.

सुरुवातीला कठीण दगड, पोलादाचा तुकडा आणि वात वापरून आग पेटविली जाई. जाड सुतापासून किंवा विशिष्ट झाडांच्या बारीक फांदीपासून वात तयार करत. ही वात एका भांड्यात ठेवून बरीच गरम करत आणि जमिनीवर ठेवत. दगड आणि पोलाद एकमेकांवर जोरात घासत. त्यामुळे ठिणग्या उडत. ठिणग्या जवळच असलेल्या वातीवर पडल्या की, गरम वात पेट घेई. दगड आणि पोलाद जेवढ्या ताकदीने घासले जाईल, तेवढ्या ठिणग्या जास्त पडत आणि वात पेटण्याची शक्यता वाढे.

१७८० मध्ये एका फ्रेंच रसायन शास्त्रज्ञांच्या गटाने फॉस्फोरिक कॅन्डन किंवा इथरिअल आगकाडीचा शोध लावला. एका काचेच्या उभ्या निमुळत्या नळीत त्यांनी कागदाची जाड सुरनळी ठेवली. तिच्या टोकाला फॉस्फरस लावले. नळी फोडली

की, फॉस्फरसचा हवेशी संबंध येऊन, तो पेट घेई. अर्थात ही पद्धत खूपच घातक होती. कारण फॉस्फरसच्या शीघ्र ज्वालाग्राही गुणधर्मांमुळे काही वेळा नळी फोडणाऱ्याला भाजत असे.

आज आपण ज्या आगकाड्या वापरतो, त्यांच्याशी साम्य असलेल्या आगकाड्यांचा शोध सुमारे पावणेदोनशे वर्षांपूर्वी लागला. जॉन वॉक्लर हा औषधनिर्माण कारखान्यात काम करत होता. त्याला प्रयोगशाळेत बऱ्याच वेळा आगकाड्यांची आवश्यकता भासे. त्याने एक ८ सें. मी. लांबीची लाकडाची ढलपी घेतली. ॲन्टिमनी सल्फाइड, क्लोरेट ऑफ पोटॅश, गम ॲरेबिक आणि स्टार्च यांच्या मिश्रणाचा छोटा गोळा किंवा गुल या ढलपीच्या टोकावर बसविला आणि सॅण्डपेपरवर घासला. त्याबरोबर या आगकाडीने पेट घेतला आणि अनेक फुलबाजीसारखी छोटी छोटी फुले आजूबाजूला उडाली.

या आगकाडीत १८३० मध्ये चार्ल्स सॉवरिआ या रसायनशास्त्र पदवीधराने सुधारणा केल्या आणि कुठेही घासली तर पेट घेणारी आगकाडी तयार केली. त्याने आगकाडीत फॉस्फरसचा उपयोग केला होता. १८३६ मध्ये ॲलोन्झो डी. फिलिप्स याने या आगकाडीचे पेटंट घेतले, तो हातानेच काड्या तयार करी आणि घरोघरी फिरून विकत असे. सॉवरिआ किंवा फिलिप्स यांना फॉस्फरसचा धूर आरोग्याला घातक असतो, हे माहिती नव्हते. आगकाडीसारख्या गरजेच्या शोधाचे मोठ्या प्रमाणात उत्पादन करण्यासाठी १८५० मध्ये आगकाडी तयार करण्याचे कारखाने सुरू झाले. अनेक लोकांना तेथे काम मिळाले; परंतु काही वर्षांनी कारखान्यातील कामगारांच्या मृत्यूचे प्रमाण वाढले. शोध घेतला असता, फॉस्फरसच्या धुराने कामगारांना नेक्रोसिस हा जबड्याचा आजार होऊ लागला होता. त्यातच ते मृत्यू पावू लागले. यावर उपाय म्हणून डायमंड मॅच कंपनीने हे फ्रेंच पेटंट विकत घेतले. आगकाड्यांवर सिसक्विसल्फाइड या फॉस्फरसच्या बिनविषारी संयुगाचे गुल बसविले. हवामानाच्या फरकामुळे अमेरिकेत या आगकाड्या निरुपयोगी ठरल्या. परिणामी लोकांमध्ये नेक्रोसिस या आजाराचे प्रमाण खूपच वाढले. यावर उपाय म्हणून सरकारने फॉस्फरसयुक्त आगकाड्यांवर जबरी कर बसविला. त्यामुळे आगकाड्यांचे कारखाने बंद पडू लागले. बिनविषारी आगकाड्या कशा बनविता येतील यासंबंधीच्या संशोधनाने वेग घेतला. डब्ल्यू. ए. फेअरबर्न या तरुण इंजिनिअरने हा प्रश्न सोडविला. त्याने अमेरिकेच्या हवामानाला मानवतील आणि नेक्रोसिस या आजाराला आळा बसेल अशा आगकाड्या तयार करण्यात यश मिळविले. सर्वार्थाने सुरक्षित आगकाड्या बनविण्याचे श्रेय मात्र गुस्तेव्ह इ. पाश्च या स्विडिश केमिस्टकडे जाते. १८५२ मध्ये मोठ्या प्रमाणात स्वीडनमध्ये या आगकाड्या तयार होऊ लागल्या. कित्येक वर्षे स्वीडन देश आगकाडी उद्योगात आघाडीवर होता.

लाकूड किंवा जाड पुठ्ठा यांची निमुळती काडी घेऊन त्यावर रासायनिक पदार्थांचे मिश्रण गुल म्हणून लावतात. सर्वांत कमी खर्चाची, सोयीस्कर आगकाडी तयार करण्यात गुलचा महत्त्वाचा भाग असतो. आगकाडीच्या गुलामध्ये दोन रंगांचे भाग असतात. पांढरा भाग म्हणजे काडीचा डोळा असतो. यामध्ये आग निर्माण करण्याचे रासायनिक मिश्रण असते, तर काळसर लाल भाग म्हणजे फुगीर भाग. पांढऱ्या भागाने पेट घेतला, की मगच हा लाल भाग पेट घेतो. आगकाडीतील सुधारणांमुळे त्या जास्त सुरक्षित झाल्या. शिवाय काडेपेटीत एकत्रित ठेवल्या, तरी लाल भागामुळे काड्यांचे घर्षण होत नाही व घर्षणाने काड्या पेटण्याची शक्यता राहत नाही. सुरुवातीच्या काड्यांमध्ये गुल पेट घेई व लगेच विझून जाई. त्यामुळे काड्या वाया जाण्याचे प्रमाण खूप होते. त्यावर उपाय म्हणून काड्या तयार केल्यावर पॅराफिनमध्ये बुडवितात. त्यामुळे गुल पेटल्यावर ती आग लाकडी भागापर्यंत पोहोचविली जाते व काडी जास्त वेळ जळते.

सुरक्षित आगकाड्यांची अजून एक विशेषता म्हणजे या काड्या विशिष्ट पृष्ठभागावर घासल्या तरच पेट घेतात. हा पृष्ठभाग म्हणजे काडेपेटीचा दोन्ही बाजूंचा ठिपक्यांचा भाग होय. लाल फॉस्फरसचे संयुग आणि वाळू मिसळून तो तयार करतात.

जॉशुआ प्युसे याने जाड कागदापासून किंवा कार्डबोर्डपासून १८९२ मध्ये आगकाड्या तयार केल्या. त्याने त्या काड्यांना लवचिक आगकाड्या असे नाव दिले. पन्नास काड्या एका पेटीत ठेवण्यात येत. प्युसेने काड्या घासायचा भाग मात्र पेटीच्या आतल्या बाजूने ठेवला. परंतु हे चुकीचे होते. कारण चुकून काडी आतल्या बाजूला घासली गेली, तर पूर्ण पेटीला आग लागण्याची शक्यता होती. त्यामुळे या काड्या विशेष लोकप्रिय झाल्या नाहीत. काड्या तयार करण्यासाठी लाकडाऐवजी कार्डबोर्डचा योग्य पर्याय वाटल्याने डायमंड मॅच कंपनीने, प्युसेच्या आगकाड्या अधिक सुरक्षित आणि वापरण्याजोग्या करण्यासाठी त्यात काही बदल केले आणि त्यांचे उत्पादन सुरू केले.

पूर्वी आगकाड्या तयार करण्याच्या कारखान्यात वरचेवर आगी लागत. त्यामुळे खूप नुकसान होई. शिवाय अशा ठिकाणी काम करताना लोकांना नेहमीच आगीच्या संकटाशी तोंड द्यावे लागे. यावर उपाय म्हणजे अधिकाधिक कामासाठी यंत्रांचा उपयोग सुरू झाला. त्यासाठी विशेष संशोधन होऊन स्वयंचलित यंत्राच्या साहाय्याने आगकाड्या तयार होऊ लागल्या. तसेच काडेपेट्या भरण्याच्या कामासाठी यंत्रे वापरली जाऊ लागली. काडेपेटी तयार झाली की त्यावर छापलेल्या चित्राचा कागद चिकटविला जाई. या चित्रांमध्येही खूप विविधता आढळते. देशी-परदेशी काडेपेट्या जमविण्याचा बऱ्याच लोकांना छंद असतो. वेगवेगळ्या चित्रांच्या, रंगांच्या, आकाराच्या

काडेपेट्यांचा संग्रह करणाऱ्याला इंग्रजीत फिल्युमेनिस्ट म्हणतात. या शब्दाचा अर्थ प्रकाशप्रेमी असा आहे.

दुसऱ्या महायुद्धाच्या वेळी अमेरिकन सैन्याला जपान विरुद्ध लढताना बराच काळ पावसाळी प्रदेशात राहावे लागले. पावसामुळे काडेपेट्या दमट व निरुपयोगी होऊ लागल्या. तेव्हा जलरोधी आगकाड्यांची गरज भासली. त्या दिशेने डायमंड मॅच कंपनीने संशोधन सुरू केले. कंपनीतील केमिस्ट रेमन्ड डी कॅडी याने काड्यांवर लावण्यासाठी एक पदार्थ तयार केला. त्यात मेणाचा उपयोग केला होता. काडी पेटविण्याचा प्रकियेत काहीही फरक न पडता, आगकाड्यांचे पाण्यापासून संरक्षण होऊ लागले. आगकाडी ही रोजच्या गरजेची वस्तू आहे. स्वयंपाकघरापासून कारखाने, प्रयोगशाळांपर्यंत सर्व ठिकाणी काडेपेटीची गरज असते. त्यामुळेच आगकाड्यांच्या निर्मितीत माणूस स्वप्रयत्नाने सतत बदल करत आहे. म्हणूनच भविष्यात लाकडाच्या जागी नक्कीच प्लॅस्टिकचा पर्याय वापरला जाईल, असे वाटते.

✳

आरोग्य तेथे वास करी

विल्यम कोलगेट

आजच्या वापरातील कितीतरी वस्तूंना खूप जुना इतिहास असतो, परंतु त्या वस्तूंशी आपला इतका जवळचा संबंध असतो त्यामुळे ही गोष्ट आपल्या लक्षातच येत नाही. अशीच एक रोजची वापरातील वस्तू आहे साबण!

साबणाबद्दल एक मजेशीर गोष्ट सांगितली जाते. प्राचीन रोम धर्मगुरू त्यांच्या देवाला प्राणी अर्पण करत. त्यासाठी उंच टेकड्यांवर होमहवन करून त्यात त्या प्राण्यांची आहुती देत. यथावकाश जळलेल्या प्राण्यांची चरबी आणि राख यांचा पावसाच्या पाण्याशी संबंध येई. हे पाणी टेकडीच्या पायथ्याशी साठत असे. भरपूर फेसाच्या या पाण्यात धुतलेले कपडे स्वच्छ निघतात, असे बायकांना आढळत असे. हा काय प्रकार आहे, याचे नवल वाटून त्या मुद्दाम ते पाणी भरून ठेवत.

साबणाची आणि आपली ओळख २३०० वर्षांपासून झालेली आहे. रोमन लेखक प्लिनी यांच्या मते ख्रिस्तपूर्व ६०० वर्षांपूर्वी शेळीची चरबी आणि बीच झाडांची राख एकत्र करून डोक्याला लावत. त्यामुळे डोक्याचे केस चांगले चमकदार होत. साबणाचे मृदू आणि कठीण असे दोन प्रकार असतात, असाही

उल्लेख त्यात होता.

वस्तूंच्या देवाण-घेवाणीत मोबदला म्हणून त्याकाळी साबणाचा उपयोग करीत. रोमन साम्राज्यात साबणाचे उपयोग लोकांना माहिती झाले. त्यावेळी साबणाला 'सायपो' या नावाने ओळखले जाई. दुसऱ्या शतकापर्यंत साबणात औषधी गुणधर्म आहेत याची माहिती नव्हती. ग्रीक डॉक्टर गॅलन याने सर्वप्रथम साबणाचा उपयोग शरीर स्वच्छ करण्यासाठी करावा, कारण त्यात औषधी गुणधर्म आहेत हे स्पष्ट करून सांगितले. तरीसुद्धा अगदी १४-१५ व्या शतकापर्यंत फारच कमी प्रमाणात साबणाचा उपयोग केला जात होता. गंमत म्हणजे १६७० मध्येसुद्धा एक विस्मयकारक पदार्थ अशाच दृष्टीने लोक साबणाकडे पाहत होते, असा उल्लेख सापडतो.

१२ व्या शतकाच्या शेवटी एका ब्रिटिश माणसाने साबण तयार करण्याचा व्यवसाय सुरू केला. हळूहळू अजून काही लोक या व्यवसायात आले. त्याकाळी साबण उद्योजकांना ते जेवढा साबण तयार करीत त्यावर कर भरावा लागे. कालांतराने तर, हा कर भरमसाट वाढविण्यात आला. शिवाय कर रोज गोळा केला जाई. कर गोळा करणारे अधिकारी साबण तयार करण्याच्या मोठ्या पिंपांना कुलूप लावत असत. रात्रीच्या वेळी चोरून साबणाचे उत्पादन कुणीही करू नये, असा त्यांचा हेतू असे.

अखेर १९ व्या शतकात एका जर्मन केमिस्टने एखादे राष्ट्र साबणाचा किती वापर करते त्यावरून त्या राष्ट्राची सांपत्तिक सुबत्ता आणि लोकांचे पुढारलेपण ठरविता येईल, असे जाहीर केले.

लोखंडी कढयांमध्ये प्राण्यांची चरबी, अल्कली द्राव आणि तेल एकत्र उकळत. या पद्धतीला सॅपॅनिफिकेशन म्हणतात. ही प्रक्रिया पूर्ण होण्यापूर्वी त्यात मीठ टाकतात. त्यामुळे रासायनिक प्रक्रिया होऊन साबण वर तरंगत येई. साबण तयार करण्याच्या या मूळ पद्धतीत फारसा फरक झाला नाही. साबणाचा वापर वाढविण्यासाठी तो जास्त आकर्षित करण्यासाठी त्यात वेगवेगळी सुगंधी द्रव्ये, रंग वापरण्यात येऊ लागले. साबण अधिकाधिक मऊ, त्वचेला हानी न पोहोचविणारे करण्यासाठी विविध प्रयोग केले गेले. त्यातील एकूण मेदाचे म्हणजेच टोटल फॅट मॅटरचे (टीएफएम) प्रमाण साबणाच्या वडीवरील कागदी वेष्टनावर लिहिलेले असते.

१८६० मध्ये विल्यम कोलगेट याने वयाच्या २३ व्या वर्षी न्यूयॉर्कमध्ये साबणाची कंपनी सुरू केली. कंपनीत विविध प्रकारचे साबण तयार केले जात होते. १८९८ मध्ये कंपनीने पाम आणि ऑलिव्ह तेलाचा उपयोग करून एक पामोलिव्ह साबण तयार केला. तो अतिशय लोकप्रिय झाला म्हणून कंपनीने 'बी. जे. जॉन्सन सोप कंपनी' हे नाव बदलून 'पामोलिव्ह' हे नाव धारण केले.

१८७९ मध्ये एका साबणाच्या कारखान्यात शुभ्र पांढऱ्या साबणाच्या मिश्रणात,

ठराविक प्रमाणापेक्षा जास्त हवा मिसळली गेली. हा वेगळ्या प्रकारचा साबण लोकांना आवडला. त्याला 'आयव्हरी सोप' असे नाव देण्यात आले.

१८९५ मध्ये लाईफबॉय कंपनीने जंतुनाशक साबण तयार करण्यात यश मिळविले. या साबणात कॅर्बोलिक आम्लाचा उपयोग केला होता. पारदर्शक साबणही लोक मोठ्या प्रमाणात खरेदी करू लागले. हे साबण तयार करताना अंगाचा साधा साबण अल्कोहोलमध्ये विरघळून घेतला ते मिश्रण गाळण कागदातून गाळले आणि कागदावर पारदर्शक साबण उरला. दाढीसाठी वापरण्यात येणाऱ्या साबणात डिंक व ग्लिसरीन वापरले जाई.

२२ ऑगस्ट १८६५ या दिवशी विल्यम शेफर्ड यांनी लिक्विड सोपचे पेटंट घेतले. त्यामध्येही सतत संशोधन होत हा साबण सॉफ्टसोप या नावाने बाजारात आणला गेला. टॉयलेट सोप तयार करण्यासाठी सोपचे द्रावण स्टीलच्या लांब सळयांवरून पाठविले गेले. नंतर ते चांगले वाळविले आणि हे पातळ थर गुंडाळून घेतले.

१९२० मध्ये अमेरिकन लोकांनी कपडे धुण्याच्या साबणात विशेष संशोधन केले. कठीण पाण्यात, साबणाचा विशेष फेस होत नव्हता. शिवाय वॉशिंगमशिनसाठी हे साबण वापरल्याने मशीनमध्ये गोल रिंगसारखे डाग दिसू लागले होते. तसेच पांढऱ्या कपड्यांवर काळपट करड्या रंगाची छटा दिसू लागली होती. रंगीत कपड्यांचेही रंग कमी होऊ लागले. यावर उपाय म्हणून कृत्रिम अपमार्जिके (डिटर्जंट्स) तयार करण्यात आली. ही डिटर्जंट्स आम्ल आणि अल्कली अशा दोन्ही द्रावणांत सहज विरघळत. पहिल्या महायुद्धाच्या वेळी कृत्रिम डिटर्जंट्स अधिक प्रमाणात तयार होऊ लागली. त्यामुळे साबणासाठी वापरण्यात येणारी प्राण्याची चरबी दुसऱ्या कामासाठी उपयोगी पडू लागली.

वेगवेगळे रासायनिक पदार्थ एकत्र करून ही डिटर्जंट्स तयार करतात. पेट्रोलियम, चरबी, डांबर, वनस्पतिजन्य तेले आणि इतर काही रसायने यात असतात. डिटर्जंट्स तयार करण्याची पद्धत अतिशय गुंतागुंतीची आहे. सौम्य, कठीण किंवा गार, गरम अशा कोणत्याही प्रकारच्या पाण्यात डिटर्जंट सहजपणे विरघळतात व त्यांचा चांगला फेस होतो. हे डिटर्जंट्सचे खास वैशिष्ट्य मोठ्या प्रयत्नांती प्रयोगांनी मिळविले आहे.

पाण्यामध्ये विविध प्रकारचा मळ विरघळतो, परंतु ग्रीस विरघळत नाही. डिटर्जंटमध्ये पृष्ठभागावर प्रक्रिया करणारे घटक असतात. डिटर्जंटमधील रेणूंच्या संरचनेमुळे पाण्याच्या पृष्ठभागावरील ताण कमी होतो. कपड्याच्या धाग्यात अडकलेले, पाण्यात न विरघळलेले ग्रीस कपड्यापासून अलग होते. त्याचबरोबर राहिलेला मळही सुटा होतो आणि पाण्याबरोबर वाहून जातो.

२० व्या शतकात कारखानदारी वाढली. कारखान्यात काम करणाऱ्या लोकांची संख्या वाढली. रस्त्यावर वाहनांची मोठ्या प्रमाणात वर्दळ सुरू झाली. त्यामुळे प्रदूषण वाढले. धूर, धूळ यांचे प्रमाण वाढले. लोकांना कपड्याची, शरीराची स्वच्छता ठेवण्याचे महत्त्व पटू लागले. त्यामुळे साबणासाठी खूप मागणी येऊ लागली. केसांच्या स्वच्छतेसाठी शाम्पू तयार करण्यात आला.

१९६० नंतर पाणी प्रदूषित करणाऱ्या घटकांचा गांभीर्याने अभ्यास सुरू झाला. साबणातील फॉस्फेटसृसारखी उपद्रवी रसायने वापरण्यावर बंधने घालण्यात आली. याऐवजी सहजपणे जैविक विघटन होणारे घटक वापरण्यास सुरुवात झाली आहे.

✳

सत्याहूनही प्रतिमा सुंदर!

हजारो किलोमीटर लांब परदेशात, नुकत्याच जन्मलेल्या नातीचा फोटो इकडे भारतात संगणकावर पाहायला मिळाला आणि आजी-आजोबा अगदी धन्य झाले. आता ही गोष्ट काही कल्पनाविलास नाही तर अगदी वास्तव आहे आणि विज्ञान तंत्रज्ञानाच्या मदतीने आता अगदी सहज शक्य झाले आहे. या यशाचा मागोवा घ्यायचा झाला तर कॅमेरा या अद्भुत पेटीसंबंधी जाणून घ्यायला लागेल.

माणसाच्या आयुष्यातील अविस्मरणीय प्रसंग किंवा क्षण; जगात, देशात घडलेल्या ऐतिहासिक घटना, मागच्या पिढीतील माणसे, देखण्या वास्तू अशा कितीतरी गोष्टी कॅमेऱ्याच्या एका क्लिकने कायमच्या स्मरणात ठेवता येतात. भूतकाळाची रिळं उलगडून दाखविण्यात कॅमेऱ्याच्या शोधाने फार महत्त्वाची कामगिरी बजावली आहे. 'उजेडाच्या साहाय्याने लेखन' असा अर्थ असलेला 'फोटोग्राफी' हा ग्रीक शब्द अगदी योग्य आहे, असे वाटते.

१६ व्या शतकात इटलीत 'कॅमेरा ऑबस्क्युराचा' शोध लागला. या कॅमेऱ्याने चित्र मिळायचे; परंतु ते फार काळ टिकत नव्हते. १८२६ मध्ये जोसेफ निप्स नावाच्या फ्रेंच तंत्रज्ञाने कॅमेऱ्यातून पहिला फोटो काढला. हा कॅमेरा म्हणजे एक

छोटी अंधारी खोली होती. तेथे लाकडी पेटीच्या पुढच्या बाजूला एक भिंग बसविलेले होते आणि त्याच्याविरुद्ध दिशेला रसायने लावलेल्या धातूच्या पट्टीवर त्याने छायाचित्र मिळविले. अशा तऱ्हेने एखाद्या व्यक्तीचा किंवा दृश्याचा फोटो काढणं ही एक विलक्षण गोष्ट वाटल्याने लुईस डॅग्युरी या रंगकर्मीने कॅमेरा या उपकरणात सुधारणा केल्या. कॅमेऱ्यातून काढलेले छायाचित्र तात्पुरते न राहता कायम टिकवण्यासाठी त्याने स्वतःची पद्धत विकसित केली. त्यात त्याने एका तांब्याच्या पट्टीवर चांदीचा लेप दिला आणि पट्टीला आयोडिनची वाफ दिली. त्यामुळे ती पट्टी प्रकाशसंवेदी बनली. फोटो काढल्यावर त्याने पाऱ्याच्या वाफेत ती पट्टी ठेवली आणि नंतर त्यावर मीठ टाकून तो फोटो कायमस्वरूपी टिकविण्यात यश मिळविले.

फोटोग्राफी तंत्रामध्ये प्रकाशिकी (ऑप्टिक्स) आणि प्रकाश रसायनशास्त्र (फोटोकेमिस्ट्री) या दोन्ही शास्त्रांचा समावेश आहे. त्यामुळे या दोन्ही विषयांचे संशोधक फोटोग्राफी तंत्राचा अभ्यास करत होते. त्यातूनच कॅमेऱ्याची बाह्यरचना तसेच त्यातील भिंग, कॅमेऱ्यातील रोल, उजेडाची तंत्रे अशा अनेक बाबतीत सुधारणा होऊ लागली.

१८३३ मध्ये विल्यम फॉक्स टाल्बॉट याने कागदावर फोटो टिपण्यात यश मिळविले. तसेच विशेष प्रक्रियेने एखाद्या फोटोच्या एकापेक्षा जास्त प्रिंट्सूही मिळू लागल्या. मेण किंवा तेल वापरून, टाल्बॉट कागदाच्या निगेटिव्ह्जू पारदर्शी करत असे. फोटोग्राफी कागदावर आणणं जरी जमले होते, तरीसुद्धा त्यातील रासायनिक प्रक्रिया फारच लांबलचक आणि कटकटीची होती. हे सर्व तंत्र झटपट आणि चांगल्या प्रतीचे झाले पाहिजे या विचाराने झपाटून जाऊन जॉर्ज इस्टमनने फोटो काढण्याची सोपी पद्धत शोधून काढली. जॉर्ज इस्टमन एका बँकेत कारकून म्हणून काम करत होता. त्याला फोटोग्राफीचे विलक्षण वेड होते. त्याने सतत तीन वर्ष प्रयत्न करून कोडॅक नं. १ नावाचा कॅमेरा तयार केला. या कॅमेऱ्याने फोटोग्राफीत क्रांतिकारक बदल घडवून आणले. कॅमेऱ्यामध्ये रोल घालून फोटो काढायचे आणि रोल संपला, की तो कोडॅक कंपनीला देऊन डेव्हलप केलेले फोटो, कंपनी गिऱ्हाईकाला द्यायची. या फोटोग्राफीच्या सोप्या आणि छान पद्धतीने, लोकांना आचंबित केले. शिवाय लोकांना वेगवेगळे फोटो काढायचा नादही लागला. लोकांच्या या प्रोत्साहनाने इस्टमनने कॅमेऱ्याची वेगवेगळी मॉडेल्स तयार केली.

हजार शब्दात जे व्यक्त होऊ शकणार नाही. ते केवळ एका उत्तम फोटोमधून दाखविता येते, एवढी कॅमेऱ्याची जबरदस्त ताकद असते. कॅमेऱ्याचे महत्त्व अशा तऱ्हेने लक्षात येऊ लागल्यानंतर त्याच्यात अनेक नवीन बदल घडविले गेले. उत्तम श्वेतधवल फोटो काढत असतानाच निसर्गाचे सर्व रंग फोटोत बंदिस्त करून घेण्यासाठी १८९१ मध्ये गॅब्रिएल लिपमन याने पहिला रंगीत फोटो काढला. या यशाबद्दल १९०८ चे नोबल पारितोषिक गॅब्रिएलला बहाल करण्यात आले.

गॅब्रिएलने काढलेला फोटो विशिष्ट कोनातून पाहिला तरच रंगीत दिसे. शिवाय त्याच्या कॉपीज काढता येत नसत. यावर ल्युमेरी बंधूंनी मात केली. त्यांना ऑटोक्रोमॅटिक पद्धत वापरली आणि चांगले रंगीत फोटो काढणे शक्य झाले.

अमेरिकन सैन्याला निरीक्षणासाठी वेगळ्या भिंगाच्या कॅमेऱ्याची गरज होती. ती त्यांनी मोठी झूम लेन्सेस वापरून पूर्ण केली. १९४७ मध्ये भौतिकशास्त्रात इलेक्ट्रॉनिक्स ही नवी शाखा उदयाला आली. त्यामुळे कॅमेऱ्याच्या जडणघडणीत मोठे बदल झाले. पोलराइड कॅमेऱ्यात प्रकाशकिरणे विशिष्ट आकृतिबंधात कंप पावतात. या कॅमेऱ्यामुळे रंगीत फोटो उत्तम प्रतीचे आणि टिकाऊ होऊ लागले. आता तर डिजिटल कॅमेरे तयार करण्यापर्यंत मजल मारण्यात आली आहे.

नवीन तंत्रज्ञानाचा उपयोग करून नवीन प्रकारचे, आकाराचे कॅमेरे, विविध क्षेत्रांत कार्यरत झाले आहेत. अग्निशामक दलात आणि युद्धपातळीवर उपयोगी पडतील असे थर्मल इमेजर आणि फायर फायटिंग कॅमेरे तयार करण्यात आले. समुद्रावर निरीक्षण करण्यासाठी किंवा गस्त घालण्यासाठी इन्फ्रारेड कॅमेरे वापरतात. १० मि. मी. इतक्या कमी अंतरापर्यंतही फोकस करता येण्यासारखा लहान डिजिटल कॅमेरा अगदी मायक्रोफोनसारखा दिसतो. बॅगेच्या कडेला, तळाशी व्हिडिओ कॅमेरा लपवून, दृक्श्राव्य नोंदी मिळविण्यापर्यंत आता आपली मजल गेली आहे.

जीवशास्त्राच्या अभ्यासामध्येही कॅमेऱ्याचे महत्त्व आहे. पक्ष्यांच्या घरट्यांमध्ये किंवा सापासारख्या प्राण्याच्या बिळामध्ये कॅमेरा ठेवून त्यांचे फोटो काढणे आता सहज शक्य झाले आहे. समुद्रांतर्गत जीवसृष्टी पाहण्याचे भाग्य आता अत्याधुनिक कॅमेऱ्यांमुळे आपल्याला मिळाले आहे. अंतराळापासून अगदी चंद्र, मंगळ, यांच्यासह थेट जमिनीत खोलपर्यंत दृश्ये टिपून कॅमेऱ्याने नवे जग, नवी सृष्टी आपल्याला दाखविली आहे.

खेळाच्या क्षेत्रातही कॅमेऱ्याने आपले महत्त्व दाखवून दिले आहे. क्रिकेटमध्ये खेळपट्टीवर उजव्या यष्टीच्या मध्यावर एक अगदी लहान व्हिडिओ सिग्नल पिकअप करणारा कॅमेरा बसविलेला असतो. मजबूत बांधणीच्या या कॅमेऱ्याने पॅव्हिलियनमध्ये बसून खेळपट्ट्याचे व यष्टीच्या जवळपासच्या खेळाडूंचे सूक्ष्म निरीक्षण करता येते.

सिनेमाच्या फोटोग्राफीमध्ये तर आपल्याला कॅमेऱ्याची विस्मयकारक कमाल पाहायवयास मिळते.

१२५ वर्षांतील कॅमेऱ्याच्या प्रगतीचे चित्र आश्चर्यजनक असेच आहे. विज्ञानाच्या साहाय्याने पोस्टाच्या तिकिटापेक्षाही लहान कॅमेरे तयार होऊ लागले आहेत. रात्रीच्या अंधारातही आता फोटो काढता येतात. या महत्त्वाच्या बदलांमुळे फोटोग्राफीचे तंत्र जवळजवळ प्रत्येक क्षेत्रात मानाचे स्थान पटकावून बसले आहे.

✳

चंदेरी दुनियेचा प्रारंभ!

ज्या डोळ्यांनी आपण हे सुंदर जग बघू शकतो, त्यांच्या रचनेचे कुतूहल माणसाला स्वस्थ बसू देत नव्हते. डोळ्यांचे काम चालते तरी कसे, याचा बारकाईने अभ्यास करून त्यांच्यासंबंधी नवनवीन माहिती तो मिळवत होता. असाच प्रयत्न पीटर मार्क रॉगेट याने १८२४ मध्ये केला. दोन प्रतिमांमध्ये एकदशांशापेक्षा कमी वेळ असेल, तर त्या सलग प्रतिमा दिसतात, असा दृष्टिशास्त्रातील महत्त्वपूर्ण शोध रॉगेट याने लावला. चार्ल्स एमिल रेनॉड या फ्रेंच माणसाच्या वाचनात हा शोध आला. त्याच्या मनात एक कल्पना चमकली. त्यानुसार त्याने एक छोटेसे यंत्र तयार केले. त्यात एका ड्रमवर ओळीने काही चित्रे कोरली आणि हा ड्रम सतत फिरत राहील, अशी योजना केली. त्यामुळे त्या प्रतिमाच एकामागोमाग एक फिरत आहेत, असे वाटून सलग चित्रमालिका पाहायला मिळाली. य यंत्राला त्याने 'प्रॅक्झिनोस्कोप' असे नाव दिले. त्यानंतर कॉलेमन सेलर या अमेरिकन माणसाने चित्रांऐवजी फोटोग्राफ्स वापरले आणि सिनेमॅटोस्कोप तयार केला. १८७२ मध्ये एक घोडा भरधाव पळताना त्याच्या हालचाली टिपण्यात यश मिळाले. त्यासाठी त्या रस्त्यावर ठिकठिकाणी कॅमेरे ठेवून अनेक फोटोग्राफ्स घेण्यात आले होते. अशा तऱ्हेने अनेक

क्लुप्त्या वापरून चलत्‌चित्रे मिळविण्याचे प्रयत्न चालू होते.

१९ व्या शतकात कॅमेऱ्याचा महत्त्वपूर्ण शोध लागला. त्यातूनच करमणूक आणि शिक्षण देणाऱ्या सिनेमासृष्टीचा जन्म झाला, असे म्हणावे लागेल. १८९१ मध्ये अमेरिकन वैज्ञानिक थॉमस अल्वा एडिसन यांनी मुव्ही कॅमेरा (सिनेटोस्कोप) आणि चित्र बघण्यासाठी मशीन (सिनेमॅटोग्राफ) तयार केले आणि आधुनिक सिनेमाचा पाया घातला गेला. २८ डिसें. १८९५ या दिवशी पॅरिस शहरात, लुईस आणि ऑग्युस्ट या ल्युमिरे बंधूंनी पहिल्यांदा चलत्‌चित्रे दाखविण्याचा मान मिळविला. त्यासाठी त्यांनी सिनेमॅटोग्राफ नावाचे चित्र प्रक्षेपित करणारे मशीन वापरले. त्यामध्ये चलत्‌चित्र कॅमेरा आणि प्रक्षेपक बसविलेले होते. त्या चित्रांचा वेग कमी-अधिक करण्याचीही त्यात सोय होती. सिनेमॅटोग्राफ मशीनने लोकांची मने जिंकली. नवीन तंत्राने ती विलक्षण अचंबित झाली होती. एका मागोमाग पुढे सरकत जाणारी दृश्ये पाहण्यातील आनंद काही वेगळाच असतो, हे लोकांना समजले. एका रेल्वे स्टेशनमध्ये रेल्वे प्रवेश करते आहे, असा या चलत्‌चित्राचा विषय होता.

सुरुवातीच्या चित्रफिती अगदी लहान असत आणि एका वेळी फक्त एकच व्यक्ती पाहू शकत असे; परंतु १८९६ या वर्षी सिनेमा तंत्रात दोन महत्त्वपूर्ण घटना घडल्या. एका वेळी अनेकजण पाहू शकतील अशी मोठ्या पडद्याची सोय करण्यात आली आणि फ्रेंच जादूगार जॉर्ज मॅलिस याने चित्रांच्या प्रतिमा अध्यारोपित करण्याचे (सुपरइंपोज) जास्त चांगले तंत्र विकसित केले. त्यामुळे चित्र अधिक वेगाने एका मागोमाग येत असल्याचे लोकांना वाटे. त्याचा जास्त चांगला परिणाम साधला जाई. १९०३ मध्ये एड्‌विन एस पोर्टर याने 'द ग्रेट ट्रेन रॉबरी' नावाची अकरा मिनिटांची फिल्म तयार केली. हा कथानकप्रधान असलेला पहिला सिनेमा म्हणता येईल कारण सिनेमा कसा तयार करावा याचा वस्तुपाठ या सिनेमाने घालून दिला. पोर्टरने एका वेळी एका ठिकाणचे शूटिंग कसे करावे आणि नंतर त्यातील काही भाग एकत्रित करून सुसंगत गोष्ट कशी तयार करावी, याचे तंत्र दाखविले. कारण त्यापूर्वी सिनेमाचा विषय एखादी छोटीशी विनोदी धाडसी कृती किंवा एखादे प्रसिद्ध व्यक्तिमत्त्व असा असे.

सिनेमा तंत्राचा उत्कृष्ट तंत्रज्ञ म्हणून डी. डब्ल्यू. ग्रिफिथ या अमेरिकन दिग्दर्शकाचे नाव घ्यावे लागेल. लहानपणी वडिलांकडून ऐकलेल्या अनेक विषयांवरच्या काल्पनिक गोष्टी आणि पुस्तके वाचण्याची आवड या दोन संस्कारांनी डेव्हिड ग्रिफिथला मोठेपणी लिखाण करण्याची स्फूर्ती मिळाली. त्यातून त्याने अनेक छोट्या चित्रफितींसाठी गोष्टी लिहिल्या. लिहिता लिहिता त्याने चलत्‌चित्रे तयार करण्याचे तंत्र शिकून घेतले. त्यात आपल्या बुद्धीने सुधारणा केल्या. वेगवेगळ्या ठिकाणी कॅमेरा फिरवून शूटिंग करण्याची कल्पना ग्रिफिथने राबविली. सिनेमातील क्लोज-अप, फ्लॅश बॅक

तंत्र ग्रिफिथने सुरू केले. एखाद्या विशिष्ट प्रसंगासाठी, तो जास्त परिणामकारक करण्यासाठी ग्रिफिथ कृत्रिम उजेड वापरत असे. एखादा प्रसंग मोठा किंवा लहान करण्याचेही कसब ग्रिफिथने मिळविले. फिल्म प्रोजेक्टरमधील फिल्मचे रीळ न तुटता सलगपणे पुढे सरकण्याचे तंत्र विकसित झाल्यावर लोकांना सिनेमा बघण्यात जास्त मजा वाटू लागली. १८८१ मध्ये झुप्रॉक्सिस्कोप हे नवीन मशीन तयार करण्यात आले. या मशीनमुळे माणसाच्या आणि प्राण्यांच्या हालचाली अचूक टिपता येऊ लागल्या. वॉर्नर ब्रॉस यांनी सिनेमा जगतात संगीत आणि आवाज आणला आणि सिनेमा 'बोलू लागला'! त्यांनी बेल टेलिफोन कंपनीच्या साहाय्याने एक यंत्रणा तयार केली. प्रेक्षकांनी बोलपटाचे फार उत्साहात स्वागत केले. म्हणूनच १९२६ हे वर्ष सिनेमाक्षेत्रात महत्त्वाचे ठरले.

जशी फोटोग्राफीच्या तंत्रात प्रगती होत होती, तसतशी सिनेमातील दृश्ये अधिक परिणामकारक होऊ लागली. सिनेमासाठी वेगवेगळे विषय निवडून त्यावर सिनेमा काढणे शक्य होऊ लागले. पहिल्या रंगीत चित्रपटामध्ये प्रत्येक चौकट हाताने रंगविली जाई. नंतर स्टेन्सिलतंत्राने रंगीत चित्रपट तयार होऊ लागले. हळूहळू दोन रंगांत, तीन रंगांत, सिनेमा पाहायला मिळू लागला. आता तर सिनेमात फारच सुंदर रंगसंगती पाहावयास मिळते. ७० एमएम पडद्यांमुळे चित्रपटांची भव्यता वाढली. त्रिमिती तंत्रज्ञान, कॉम्प्युटर ग्राफिक्स, डॉल्बी साउंड सिस्टीम या विज्ञानातील नवीन तंत्रांनी सिनेमा अधिकाधिक देखणा झाला आहे. लोकांना दोन घटका विरंगुळा आणि करमणूक करणाऱ्या सिनेमाने लहान-मोठ्या सर्वांचीच सोय झाली.

✳

विषय सूची

खनिज तेल	१०१, १०२, १०३, १०४
खरेदीसाठी ढकलगाड्या	१४२
खरेदीसाठी पिशव्या	१४२
गणकयंत्र	८१, ८२, ८३
गवत कापायचे यंत्र	२०, २१
चलनी नोटा	७८
जक्वार्ड माग	३९, ४२
जेटबाऊट यंत्र	३९
जॉटर पेन	७१
झिपर	४८, ४९
झुप्रॉक्सिस्कोप	१५८
झेरॉक्स मशीन	६६, ६७, ६८
झोतभट्टी	९५
टाइपरायटर	७३, ७४, ७५
टायपोग्राफर	७४
टॉयलेट सोप	१५०
टेफ्लॉन	१०८, १०९, ११०, १११
टेरिलिन	४५, १०७
ट्रॅक्टर	१६, १७, १८, ३६
डबाबंदीकरण	१२९, १३०, १३१
तराजू	८४, ८५, ८६
तेलविहिरी	१०१, १०२, १०३, १०४
थर्माप्लॅस्टिक	१०६, १०७
थर्मासेट प्लॅस्टिक	१०७
थर्मामीटर	१०
थर्मास	७, ८
दुधाच्या पिशव्या	५३
दुर्बीण	११६, ११७, ११८, ११९
धरणे	२९, ३०, ३१, ३२
धातू	९४, ९५, ९६, ९७, ९८, ९९
नकाशे	१२०, १२१, १२२, १२३
नांगर	१६, ३४, ३६
नाणी	७७, ७८
नायलॉन	४४, ४९, १०७

✳

खि. पू. ८५००	-	मातीच्या विटांवर चित्रे काढत.
खि. पू. ४०००	-	शुद्ध तांबे वेगळे करण्याची पद्धत शोधण्यात आली.
इ.स.पू. २९००	-	नाईल नदीचे पाणी १५ मीटर उंचीची दगडी भिंत बांधून अडविले... **मीनीझराजा**
इ.स.पू. १९००	-	लोखंड मिळविण्यासाठी भट्टीत लोणारी कोळसा वापरण्यास सुरुवात... **मीनीझराजा**
खि. पू. १७००	-	विटांवर मुळाक्षरे लिहिली जाऊ लागली.
खि. पू. १३००	-	हवामानसंबंधीची थिन डायनॅस्टी निरिक्षणे.
खि. पू. १२००	-	लिहिण्यासाठी शाई... **टिअन लचाऊँ**
खि. पू. ६८५	-	नाण्यांवर खुणेची अक्षरे कोरण्यास सुरुवात झाली.
खि. पू. ३००	-	लोखंडी फुंकनळी.
खि. पू. ३००	-	हवामानशास्त्राविषयी ग्रंथ लिहिला... **ऑरिस्टॉटल**
खि. पू. २५०	-	पृथ्वीचा परीघ ठरविला... **इरॅटोथिनीस**
खि. पू. १००	-	अवजड वस्तू उचलण्यासाठी कप्पीचा वापर ... **व्हिट्र्व्हियस**
इ.स.पू. १०५	-	कागद... **त्साई लुन**
इ.स.पू. ७००	-	पक्ष्यांच्या पिसांचा उपयोग लिहिण्यासाठी करण्यात येऊ लागला.
इ.स.पू. ९९०	-	गळ लावून मासे कसे पकडायचे, यासंबंधी पुस्तिका... **एल्फ्रिक**
इ.स.१०४१-४८	-	मुद्रणसाठी चलखिळे... **बी शंग**
इ.स. १४३७	-	छपाईसाठी पुन्हा पुन्हा वापरण्याजोगे टाईप बनविले... **जोहान गुटेनबर्ग**
इ.स. १४९२	-	अमेरिका देशाचा शोध... **ख्रिस्तोर / कोलंबस**
इ.स. १४९६	-	गळाने मासे पकडण्याचे सविस्तर वर्णन करणारे पुस्तक लिहिल... **ज्युलिऑना बेनेंस**
इ.स.१५८७	-	आधुनिक बँकेची सुरुवात.

इ.स. १६१०   - दुर्बीण... **गॅलिली गॅलिलिओ**

इ.स. १६१९   - संत्र्याची झाडे निवाऱ्याखाली वाढविली... **सॉलोमन**

इ.स. १६५०   - आगीवर पाण्याचा मारा करण्याचे तंत्र विकसित
केले... **जॉन व्हॅनडर हायडन**

इ.स.१६६५   - रेशमाचा किडा, रेशीम तंतू बनवतो या नैसर्गिक
घटनेचे निरिक्षण... **रॉबर्ट हूक**

इ.स. १६६८   - परावर्ती दुर्बीण... **आयझॅक न्यूटन**

इ.स. १६८८   - सपाट, गुळगुळीत काच... **लुईस ल्युकास**

इ.स. १७००   - अन्न टिकविण्याचा पहिला प्रयत्न...   **लॅझेरो स्पॅलेंझानि**

इ.स. १७००   - पारड्याचा तराजू

इ.स. १७०२   - फाऊंटन पेन... **एम. बिअन**

इ.स. १७१४   - सौरभट्टी... **आन्तान लव्हाशिए**

इ.स. १७३०   - राथरहॅम नांगर... **जोसेफ फॉल्जाम्बे**

इ.स. १७३३   - धन (+) व ऋण (—) विद्युतभार शोधले... **ड्यू फे**

इ.स. १७३३   - फिरत्या धोट्याचा शोध... **जॉन के**

इ.स. १७५०   - विजेसंबंधीचे संशोधन... **बेंजामिन फ्रँकलिन**

इ.स. १७५०   - रबराचे महत्त्व सांगणारा फ्रेंच अकादमी ऑफ
सायन्सेसचा अहवाल प्रसिद्ध

इ.स. १७५१   - तुती वनस्पती व चिनी रेशीम पतंगाला शास्त्रीय
पद्धतीने नाव दिले... **कार्ल लिनीपस**

इ.स. १७६९   - जलशक्तीवर चालणारे कापड विणण्याच्या मशीनचा
शोध... **रिचर्ड आर्कराइट**

इ.स. १७७०   - ऑक्सिजन वायू... **कार्ल शीले**

इ.स. १७७०   - तराजूची नवरचना... **जोसेफ ब्लॅक**

इ.स. १७७४   - ऑक्सिजन वायू... **जोसेफ प्रिस्टले**

इ.स. १७८०   - बेडकाच्या शरीराचा विशेष अभ्यास... **एल. गॅल्व्हानी**

इ.स. १७८०   - इथरिअल आगकाडी

इ.स. १७८०   - दुधातील लॅक्टिक आम्ल वेगळे केले... **शील**

इ.स. १७८१   - युरेनस ग्रह... **विल्यम हर्शेल**

इ.स. १७९२   - कापूस पिंजण यंत्राचा शोध... **एली व्हिटन**

इ.स. १७९५   - अन्नपदार्थांचे डबाबंदीकरण... **निकोलस ऑर्पट**

इ.स. १७९६   - लिथोग्राफी... **ए सेनेफेल्डर**

इ.स. १८०१   - हातमाग... **जोसेफ जॅक्वड**

इ.स. १८०७ - विद्युत कमानीचा शोध (इलेक्ट्रिक आर्क)... **हम्फ्री डेव्ही**

इ.स. १८१६ - अग्निशामक यंत्र... **जॉर्ज मॅनवाय**

इ.स. १८१८ - वायुचे द्रवरूपीकरण... **मायकेल फॅराडे**

इ.स. १८१९ - पक्ष्याचे पीस व धातू वापरून पेन... **जॉन शेफर**

इ.स. १८२० - ॲरिथमॉमीटर - गणकयंत्र... **चार्लस थॉमस**

इ.स. १८२० - रबराच्या पातळ पट्ट्या करण्यासाठी यांत्रिक
किसणी... **हॅनकॉक**

इ.स. १८२३ - रबराच्या लेपाने जलाभेद्य कापड... **मॅकिंटॉश**

इ.स. १८२४ - दृष्टिशास्त्रात प्रगत संशोधन... **पीटर मार्क रॉगेट**

इ.स. १८२६ - कॅमेऱ्यातून पहिला फोटो काढला... **जोसेफ निप्स**

इ.स. १८२९ - टायपोग्राफर... **विल्यम बर्ट**

इ.स. १८३० - आगकाडीसाठी फॉस्फरस... **चार्ल्स सॉवरिआ**

इ.स. १८३० - लाकडी आगकाडी... **जॉन वॉक्लर**

इ.स. १८३१ - गवत कापण्याचे यंत्र... **एडविन बडींग**

इ.स. १८३१ - पहिले पीक कापणी यंत्र... **मॅकॉर्मिक**

इ.स. १८३१ - विद्युत जनित्र... **मायकेल फॅराडे**

इ.स. १८३३ - गोलाकार लेखनयंत्र... **झेव्हिअर प्रोजियन**

इ.स. १८३३ - पहिला कागदावर फोटो काढला... **फॉक्स टाब्लॉट**

इ.स. १८३७ - झाडे वाढविण्यासाठी खोल्या बांधून, त्यावर काचेचे
छप्पर बसविले... **जोसेफ पॅक्सटन**

इ.स. १८३७ - सौरभट्टी... **जॉन हर्बल**

इ.स. १८३९ - टिकाऊ रबर... **चार्लस गुडइयर**

इ.स. १८३९ - रबर... **चार्लस गुडईअर**

इ.स. १८४३ - लेखनयंत्रासाठी शाई लावलेली रिबन... **अलेक्झांडर बेन**

इ.स. १८५० - पहिले डिपार्टमेंटल स्टोअर... **ऑरिस्टाइड बॉऊसिकॉट**

इ.स. १८५१ - पाण्यापासून बर्फ तयार करण्याचे यंत्र... **जॉन ग्रेरी गॉरे**

इ.स. १८५२ - सुरक्षित आगकाड्या... **गुस्तेव्ह इ. पाश्र्व**

इ.स. १८५३ - रेशीम किड्याची अंडी उबवणूक यंत्र... **मोरेली**

इ.स. १८५४ - खनिज तेलापासून रॉकेल हे इंधन मिळविले...
अब्राहम जेन्सर

इ.स. १८५४ - उद्वाहक (लिफ्ट)... **एलिशा ग्रेव्हज ओटिस**

इ.स. १८५५ - लंडन शहराचा नकाशा... **जॉन स्नो**

इ.स. १८५६ - पोलाद तयार करण्याची पद्धत शोधली... **हेनरी बेसेमर**

इ.स. १८५७ - शेतीची अवजारे ओढण्यासाठी वाफेचे इंजिन... **किले**

इ.स. १८५८ - हवाई फुग्यात बसून हवाई छायाचित्र काढली

इ.स. १८५९ - रॉकेलच्या दिव्याचे युग सुरू झाले.

२७ ऑ. १८५९ - खनिज तेलाची पहिली विहिर खोदली...
एल. डेक, एडविन

इ.स. १८६० - पाश्चरायझेशन... **लुई पाश्चर**

इ.स. १८६० - पहिली साबण कंपनी... **विल्यम कोलगेट**

इ.स. १८६२ - प्लॅस्टिक तयार करण्याचा पहिला प्रयत्न...
अलेक्झांडर पार्कीज

इ.स. १८६४ - व्हल्कनाईज्ड रबर... **गुडईअर कंपनी**

इ.स. १८६५ - पहिला खनिज तेल वायू पाईप बसविण्यात आला.

इ.स. १८६५ - रेशीम धाग्यातील प्रथिनांचा शोध... **क्रामर**

इ.स. १८६५ - लिक्विड सोप... **विल्यम शेफर्ड**

इ.स. १८६६ - अन्नपदार्थांसाठी टिनच्या डब्यांचा वापर... **जे ऑस्टर**

इ.स. १८७२ - चलतचित्रांसाठी सिनेमॅटोस्कोप... **कॉलेमन सेलर**

इ.स. १८७३ - आधुनिक टंकलेखन यंत्र... **ख्रिस्तोफर शोल्स**

इ.स. १८७७ - दुधातील स्निग्धपदार्थ वेगळे करण्याचे मशीन तयार
केले... **गुस्त्राव्ह डे लाव्हल**

इ.स. १८७९ - आयव्हरी सोप

इ.स. १८८० - छापखान्यासाठी सौरशक्तीवर चालणारे वाफेचे इंजिन
वापरण्यात आले.

इ.स. १८८० - विजेचा दिवा... **थॉमस एडिसन**

इ.स. १८८० - रेशीम धागा गुंडाळण्याचे स्वयंचलित यंत्र...
एडवर्ड वि सेरेल

इ.स. १८८२ - वीजप्रवाहासाठी केबल... **मार्लेसेल**

इ.स. १८८२ - पहिली टंकलिखित कादंबरी... **मार्क ट्वेन**

इ.स. १८८४ - मध्यवर्ती विद्युतशक्ती केंद्र... **थॉमस एडिसन**

इ.स. १८८४ - वीजेवर चालणारा उद्वाहक... **एलिशा ग्रेव्हज ओटिस**

इ.स. १८८४ - फाऊंटनपेन... **लुईस वॉटरमन**

इ.स. १८८४ - लिनोटाईप यंत्र... **ऑटमर मर्जें थेलर**

इ.स. १८८९ - गाईचे दूध काढण्याची यांत्रिक पद्धत... **अलेक्झांडर शिल्डस**

इ.स. १८९१ - आधुनिक सिनेमाचा पाया घातला... **थॉमस अल्वा एडिसन**

इ.स. १८९१ - पहिला रंगीत फोटो... **गॉब्रिएल लिपमन**

इ.स. १८९१ - प्रवासी धनादेशाची पद्धत... **एम. एफ. बारी**

इ.स. १८९१ - रेयॉनचा धागा... **चार्लस क्रॉस**

इ.स. १८९३ - झीपर... **व्हिटकॉम्ब एल. ज्युडसन**

इ.स. १८९४ - प्रगत गणकयंत्र... **ओट्टो स्टायगर**

इ.स. १८९४ - बदली विद्युत प्रवाह... **निकोला टेस्ला**

२८ डिसें,१८९५ - पॅरिस शहरात पहिले चलतचित्र दाखविले...
लुईस ल्युमिरे ऑग्युस्ट ल्युमिरे

इ.स. १८९५ - लाईफबॉय कंपनीचा जंतुनाशक साबण

इ.स. १८९६ - सिनेमातील चित्रे अध्यारोपित करण्याचे तंत्रज्ञान
विकसित केले... **जॉर्ज मॉलिस**

इ.स. १८९८ - 'भिसे टाईप' छपाईचे खिळे... **शंकर आबाजी भिसे**

इ.स. १९०३ - आईस्क्रिमचे मिश्रण गोठवण्यासाठी यांत्रिक फ्रीजर

इ.स. १९०३ - पहिला अकरा मिनिटांचा सिनेमा तयार केला...
एडविन एस. पोर्टर

इ.स. १९०४ - कोन आईस्क्रीमची कल्पना... **सी. नेल्स**

इ.स. १९०४ - छपाईसाठी ऑफसेट पद्धत... **डब्ल्यू. रूबेल**

इ.स. १९०४ - पेट्रोल इंजिन ट्रॅक्टरला साखळी पट्ट्या... **बेजामिन होल्ट**

इ.स. १९०४ - स्वयंचलित बाटल्या तयार करण्याचे यंत्र...
मायकेल जे. ओवेन्स

इ.स. १९०५ - अग्निशामक यंत्रात प्रभावी रसायनांचा उपयोग...
अलेक्झांडर लॉरेन्ट

इ.स. १९०६ - चार सिलिंडरचा ट्रॅक्टर... **हेनरी फोर्ड**

इ.स. १९०९ - कृत्रिम प्लॅस्टिक बॅकेलाईट... **लिओ बेकलॅन्ड**

इ.स. १९१३ - पीव्हीसी बहुवारिक... **क्लॅटे**

इ.स. १९१३ - स्टेनलेस स्टील... **हॅरी ब्रेअर्ले**

इ.स. १९१५ - पहिली शॉपिंग बॅग... **वॉल्टर एच. डेऊब्रर**

इ.स. १९२० - प्लॅस्टिक फोम / पॉलिस्टायरीनची निर्मिती

इ.स. १९२० - रबराच्या रेणूंची रचना... **हर्मन स्टाऊडिंजर**

इ.स. १९२२ - बहुवारिकांची अंतर्गत रचना उलगडली... **हर्मन स्टाऊडिंजर**

इ.स. १९२४ - सेंद्रीय काच... **बेकर स्किनर**

इ.स. १९२५ - अन्नपदार्थ जलद गोठविण्याची पद्धत शोधली...
क्लॉरेन्स बर्डस्टो

इ.स. १९३० - रेडिओ दुर्बीण... **कार्ल जेन्स्की**

इ.स. १९३२ - देवनागरी लिपीतील टंकलेखन यंत्र

इ.स. १९३५ - दुधातील केसीन प्रथिनापासून तंतू तयार केले.

इ.स. १९३६ - खरेदीसाठी ढकलगाड्या... **सिल्व्हन एन गोल्डमन**

इ.स. १९३८ - झेरॉक्स मशीन... **चेस्टर एफ कार्लसन**

६ एप्रिल १९३८ - टेफ्लॉन... **रॉय प्लंकेट**

इ.स. १९३८ - बॉल पॉईंट पेन... **लॅडिस्को बिरो आणि जॉर्ज बिरो**

इ.स. १९४० - बहुउद्देशीय कापणी यंत्र

इ.स. १९४७ - भौतिकशास्त्रात इलेक्ट्रॉनिक्स शाखेचा उदय

इ.स. १९४८ - वेल्क्रो पट्टी... **जॉर्जस दे मेस्ट्रल**

इ.स. १९५० - क्रेडिट कार्ड कंपनीची स्थापना... **राल्ड श्नाइडर**

इ.स. १९५० - नायलॉन धागा... **वॅलेस कॅरोयर्स**

इ.स. १९५४ - जॉटर बॉलपेन... **पार्कर कंपनी**

इ.स. १९५४ - बीम वेल्डिंग पद्धतीचा शोध... **एम. स्टोहर**

इ.स. १९५८ - संकलन परिपथ... **जॅक किल्बी**

इ.स. १९६० - झेरॉक्स-९१४-ऑफिस कॉपीअर...
चेस्टर एफ कालिसन व जोसेफ सी विल्सन

इ.स. १९६० - लेसर किरणांचा शोध... **थिओडोर मायमन**

इ.स. १९६३ - फ्लायमो गवत कापायचे यंत्र... **फ्लायमो**

इ.स. १९६६ - 'टिकर' - यंत्रमानव

इ.स. १९६८ - 'शके'-यंत्रमानव

इ.स. १९७३ - रंगीत झेरॉक्स मशीन... **कॅनन कंपनी**

इ.स. १९७६ - 'अरोक'-घरगुती कामासाठी यंत्रमानव

इ.स. १९७७ - 'रेकीट'-औद्योगिक यंत्रमानव

इ.स. १९८६ - लेसर कलर कॉपिअर... **कॅनन कंपनी**

२४ एप्रिल१९९०- हबल दुर्बीण अवकाशात सोडली.

इ.स. २००२ - 'रोबोडॉक - वैद्यकीय कामासाठी यंत्रमानव

❊

9 788177 668230